觉知到鲜活的生命，爱就会升华。

智读汇·名师书苑

I SEE YOU

我看见你了

都市身心灵觉知课

灵性价值观觉知学第一人 杨新明◎著

中国财富出版社

图书在版编目（CIP）数据

我看见你了：都市身心灵觉知课 / 杨新明著 .—北京：中国财富出版社，2015.1

（智读汇·名师书苑）

ISBN 978-7-5047-5445-5

Ⅰ . ①我… Ⅱ . ① 杨… Ⅲ . ①成功心理 Ⅳ . ① B848.4

中国版本图书馆 CIP 数据核字（2014）第 249287 号

策划编辑 丰 虹 **责任印制** 方朋远

责任编辑 丰 虹 吴艳红 **责任校对** 梁 凡

出版发行 中国财富出版社

社 址 北京市丰台区南四环西路 188 号 5 区 20 楼 **邮政编码** 100070

电 话 010 – 52227568（发行部） 010 – 52227588 转 307（总编室）

010 – 68589540（读者服务部） 010 – 52227588 转 305（质检部）

网 址 http: //www.cfpress.com.cn

经 销 新华书店

印 刷 北京亿成盛源彩色印刷有限公司

书 号 ISBN 978-7-5047-5445-5/B · 0413

开 本 850mm×1168mm 1/32 **版 次** 2015 年 1 月第 1 版

印 张 6 **印 次** 2015 年 1 月第 1 次印刷

字 数 128 千字 **定 价** 38.00 元

自序

在 15 万年以前，第一批站立起来的原始人中，有些部落人与人之间互相致意的语言是："我看见你了。"若是我们真能看到对方（仅仅是愿景而已），这个世界会变得多么美好。

其实，我看见你了，这是问候自己灵魂的语句。我看见你了，即：我看见真实的自己了。

* * *

你是谁？千万别告诉我"你"是你的名字，因为，谁都可以叫和你一样的名字，所以，大多数人在一生中的大多数时间是看不见自己的，不知道自己到底是谁。

我是谁？对这个饱受困扰的人生终极命题，人们从来没有停止过探索。因为我知道我自己是谁，所以我能看见真实的自己，看见极乐，看见喜悦。因为，我看见了自己，所以，我看见你了。

愿意探索你自己、发现你自己、认识你自己、改变你自己、超越你自己，请成为生命存在的觉知者，觉知生命的存在感，觉知“I See You”，觉知“我看见你了”。

* * *

十几年前，我确实不认识自己，也不知道自己是谁，不知道我要去哪里。今天，我非常非常相信“冥冥之中”的安排，完全不是迷信，说是“命运”有些不以为然，说是“天意”还有些靠谱。区别在于前者没有信仰，后者有信仰，反正一切都与我们大脑里的小宇宙有关。生命中没有偶然，一切都是必然，这个“必然”就是冥冥之中的天意。当下一切的发生，都是刚刚好，在正确的时间和正确的空间里，发生一切正确的事。过去不知道，现在，我完全深刻理解古人创造“冥冥之中”这个成语的内涵——自然规律的宇宙系统。

就是这个宇宙系统安排着人类一切的行为与思维，平衡世间一切能量。**这个世界层层叠叠地向我们展开，这一刻迷离的面目，下一刻就会清晰；这一刻不能宽恕的人，下一刻就会得到原谅；这一刻不能接受的事实，下一刻就会变得容易理解。**世界之所以是这个样子，是因为我们眼里看见的世界本来就是这样，你看见什么取决于我们的认知价值观。假如你的世界有问题，一定是你自己制造出来的，你看见的世界，就是你信念的投射。

人生最真切的，莫过于每一个人自己内心的知觉。我们要不断消除自以为是的狭隘、偏激和片面的价值观。其实，宇宙系统中，时间并不会真的帮我们解决什么问题，它只是把原来怎么也想不通的问题，变得不再重要而已。我深刻地觉知到，一切都是自己内心思想与信念的投射。因为，我自己就是这个宇宙系统中“宇宙人生”的体验者和受益者，所以，我非常有义务分享我生命中“冥冥之中”的生命轨迹。

记得读五年级时，学校组织观看日本电影《华丽的家族》后，我被主人翁铁平君不畏艰难、挑战世俗的创业精神所感动，当天晚上挥笔写下第一首影响我一生的诗句：

青霄有路终须上，
宇宙无闻誓不休；
出门便作焚舟计，
生不得志死不归。

正是这个“焚舟计”，冥冥之中创造了我注定不平凡的人生。从学生时代到走向社会，再到成家立业，这个“焚舟计”成为我年轻气盛的心锚。正所谓“成也萧何，败也萧何”，它冥冥之中让我走过一段坎坎坷坷、起起落落的人生轨迹：困惑、迷茫，拿得起、放不下，赢得起、输不起，根本就不知道自己要去哪里、生命中最想得到什么，事业与生活没有起色、没有方向。

但我很幸运，十几岁的我冥冥之中有了与“宇宙”的特殊缘分，并且这种缘分冥冥之中一直影响着我的生命轨迹，以致后来我给女儿取名时拈出一个“宇”字。在那个年代，我根本就不知道宇宙、小宇宙、潜意识、灵性、灵性价值观等跟我有什么关系。

然而，更幸运的是，冥冥之中我找到了“觉知”的法门，“觉知”让我觉知到“冥冥之中”那股神秘而又神奇的力量，这股力量是可以触摸和感知到的——能触摸到宇宙系统与生命系统的能量，触摸到不可思议的人性与灵性的能量，触摸到认知价值观与灵性价值观博弈的能量。总之，我统称为“觉知的力量”。

我发现，“觉知”中的我，能觉知到宇宙系统对我的生命意味着什么；觉知到小宇宙潜意识的力量对生命轨迹是如何产生作用的；觉知到此时此刻“我、身、心、灵”的存在和存在感；觉知到自己鲜活生命律动的灵性。当觉知一切幸福与快乐、金钱、名誉、地位无关时，我惊讶地触摸到自己的灵魂并看到了真实的自己。生命啊，觉知的力量神奇到令人叹为观止，令我情不自禁地对自己说：我看见你了。

*　*　*

我一直想把自己从觉知到觉醒再到觉悟的心路历程写出来分享给有缘人。但是，这种灵性思想写出来就变质了，这种“道法自然”说出来就不叫“道”了，所以我一直在酝酿。也许是冥冥之中的安排，让我遇到了世界电影之王詹姆斯·卡梅隆，他酝酿了13年而拍摄的巨作《阿凡达》3D电影让我欣喜若狂。我觉知到《阿凡达》就是一段探索“我、身、心、灵”的心路历程。如下图：

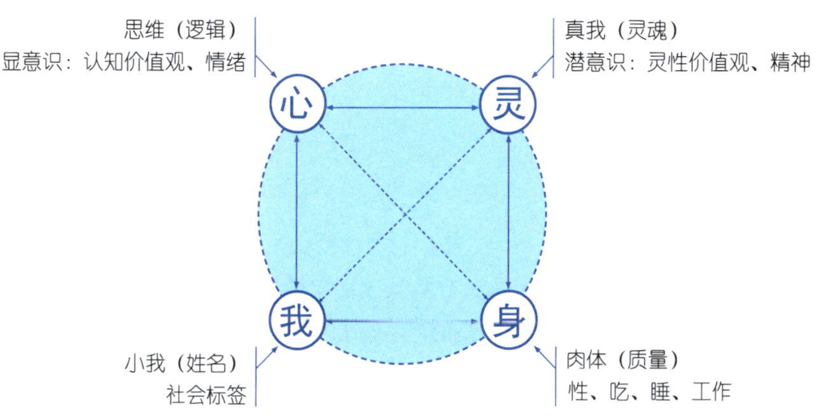

觉知课“我、身、心、灵”结构图

说明：

1. 四个小圆圈，代表“我、身、心、灵”的结构分布；
2. 小圆圈之间的双箭头连线，代表生命成长的路径；
3. 双箭头虚线和蓝色的大圆圈，代表灵性生命能量的流动。

《阿凡达》就是一个寻找生命轨迹的励志故事。很遗憾大多数人没有看懂，没有觉知到电影的内涵和所表达的灵性思想。我可以说这部电影就是为我拍的；我可以说詹姆斯·卡梅隆他自己就是灵性思想的觉悟者，否则他不需要准备13年。他太伟大了，《阿凡达》太伟大了。

大多数人看电影都会掉到电影的故事里，要么大哭，要么大笑，或者只看到了电影表面的意思和浅层的价值，不会去觉知导演想通过电影故事向观众传达什么信息。看过《阿凡达》的许多人对电影最深的理解就是我们要追求和平、要保护生态环境，等等，殊不知詹姆斯·卡梅隆正在将他自己觉悟的灵性思想告诉全世界。

*　*　*

认识你自己！这是铭刻在希腊圣城德尔斐神殿上的著名箴言，后来的哲学家喜欢引用来规劝世人。有人问泰勒斯，什么是最困难之事？回答是："认识你自己。"接着问，什么是最容易之事？回答是："给别人提建议。"这位智者显然是在讽刺世人。所以，世上有自知之明者寥寥无几，好为人师者却比比皆是。

知人者智，自知者明。了解他人的人是聪明人，能了解自己的人才是真正有智慧的人。最难能可贵的是人在精神层面的觉知修养。

确实如智者所言，发现自己、认识自己并看见真实的自己是一种修养、一种生活方式。

I see you，我看见你了，有三种理解。

第一种理解：我看见你了，就是字面上的"我"，代表"小我"的自己，即姓名。看见，表示向内看见（或叫内观、观自在等），即觉知到。"你"代表自己内心的"真我"（或是灵魂、灵性、上帝、佛祖、精神、永恒、潜意识、小宇宙等）。

所以，“我看见你了”的第一种理解就是看见真实的自己（灵魂），看见生命的实相。接下来需要读者诸君自己去觉知本书的精彩探索之旅，在仍然迷茫的内在时空里找回真实的自己。我不会教你什么，如果有共鸣，那都是你自己的心声，一切都是你自己的投射。

* * *

第二种理解：我看见你了，就是看见自己当下生命所显现的状态和未来生命实修的正确方向。每个人身上都藏着宇宙的秘密，因此，每个人都可以通过“觉知”的训练来认识世界。通过向自己的障碍挑战，学习放下面具、认知恐惧，学习从觉知情绪到驾驭情绪的高情商必备要素，学习从人性到灵性的升华，提高自己的心性与生命的品质。

* * *

第三种理解：我看见你了，就是看见自己的天性和潜能并建立信念系统之后成功的自己。看见与众不同、独一无二的自己，应该通过觉知的力量认识自己独特的价值。反复阅读本书，你会发现自己许多有待开发的才情与潜质，发现自己需要找寻和梳理的人生路径。这个过程中，你可以看见自己生命的限度并最大化生命的价值，看见一切可能性。这种理解最流行，也最实用。

* * *

如何觉知阅读？

觉知，是一种当下的力量，是过去和未来无可企及的。

唯有觉心知性，方可明心见性。

觉知，是“觉心知性”的简称，在许多研究领域会经常出现。没有“觉心”不可“明心”，没有“知性”何来“见性”？这些都被人们忽略了。在时下什么都求“快”的节奏下，人们往往在不知不觉中领受痛苦、焦虑、困惑、迷茫，这难道就是我们想要创造的世界吗？

觉知是一种法门、一种习惯、一种状态、一种生活方式。所以，觉知可以让我们觉醒、如是、全然，在觉知中收获当下的力量，收获和谐的人际关系，收获喜悦的财富，收获幸福和快乐，收获圆满与永恒。

* * *

觉知最重要的是清空。

清空头脑里积累的逻辑和惯性。统统清空，认知价值观是灵性成长的唯一障碍；清空，暂时的清空，没有过去和未来，只有当下。

有了觉知，清空会自然地发生。觉知的力量从这里开始：从进入自己的潜意识中，逐步觉知到“灵性成长相较于物质满足可以更稳定地改变我们的生活，更深刻地改变我们的生命”。

或许，你还停留在理论上，要实际行动起来，开始“觉清空，知呼吸”的训练。此时此刻就开始觉知“我、身、心、灵”，转变才能自然地发生。

觉知是我们追求幸福的另一条路——灵性成长之路，它简单易行，体现在日常生活的点点滴滴里，而不仅仅是理念。此时此刻，你觉知到屏蔽外在的干扰，觉知到清空逻辑思维，只剩下呼吸，就可以继续往下阅读本书，让我们一起传播爱在内心转变、升华的种子。

一点一点地觉知；

一点一点地觉醒；

一点一点地觉悟。

杨新明

2014 年 9 月 5 日于上海

电影《阿凡达》中人与物寓意表

人

杰克·萨利	现实社会迷失的生命个体，自我探索和自我救赎的觉知者
库里奇	无明。代表贪嗔痴
诺姆	同类。杰克·萨利潜意识投射
格蕾丝	同类。杰克·萨利潜意识投射
楚蒂	同类。杰克·萨利潜意识投射
纳美人	代表精神世界。潜意识向外投射的任何信息
帕克	代表认知价值观。人或组织的社会认知和行为模式
阿凡达	代表“人”精神世界的一种状态，即显现的“真我”
奈蒂莉	代表灵性价值观。杰克·萨利潜意识投射
苏泰	代表潜意识里的负面能量
莫娅	奈蒂莉的母亲，杰克·萨利潜意识阴性能量之源
伊图肯	奈蒂莉的父亲，杰克·萨利潜意识阳性能量之源
觉知者	代表本书作者杨新明

物

面具	代表面子

 链接房　代表潜意识链接器

潘多拉　阿尔法星系，也叫大脑小宇宙

氧气罩　面子重要与否的一种心灵感觉

超导矿石　潜意识能量

 辫子　觉知心与灵的链接器

潘狐猴　潜意识平衡系统

螺旋叶　敏感性隐私

锤头兽　安全感。人性自我保护的本能

闪雷兽　代表恐惧

毒狼兽　闪雷兽近亲。由恐惧而生的负能量

圣树种子　最纯净的“真我”精灵——人性本善

家园树　潜意识里“家”的景象

六脚马　潜意识“人”必要的生存技能

悬浮山　想象力。由潜能激发的创造力

 伊卡兰　代表情绪

 灵魂树　生命、精神（终极信仰）。由身心灵汇聚而成的精神力量

 魅影（托鲁克）　代表情商

I see you

目录

Contents

觉知真爱

觉知价值观

觉知信念

觉知真我

附录

I see you

探索起航

身心灵探索之旅起航

人可以退役，但精神不可以退役。

——电影《阿凡达》

故事发生在2154年，由于人类对大自然的过度破坏，生态环境很差，地球即将被毁灭。人类发现了另一个星球——潘多拉。电影的主人公——杰克·萨利，一个残疾军人，他没有钱医治自己的腿，甚至连抚恤金都不能按时拿到。曾经，他是海军陆战队队员，一个充满正义感的热血青年。但从医院出来后，他发现，世界根本不是他所想象的那个样子。他看到：大街上人人都带着防毒面具，孤独茫然的眼神，看不见他们的心。物欲横流，浮躁与浮华充斥着整个社会，人人都为了金钱利益而活。爱，已经枯竭，没有人会对他人伸出援手。他唯一的亲人哥哥——汤米，也被人抢劫杀害。

电影开始时镜头飞越层层浓雾，隐约可见一片森林。紧接着电影镜头切换……繁华的街道，熙熙攘攘的人群，主人公杰克·萨利茫然地坐在轮椅上。

残疾，导致他失去自信，失去生活方向，他的神情是灰暗的，然而，他的眼神因智慧和厌倦超过他这个年龄所经历的痛苦而变得坚强。

“防毒面具”是一个隐喻，意味着人们都戴着面具生活，用面具保护自己。由一个个不知名的、孤立的灵魂所汇成的一股前进着的洪流，意味着面具隔断人与人之间心的联系，使人们无比孤独。

导演一开始就用这种方式告诉我们——这是一部“认识你自己”的电影。

身体残疾的杰克·萨利，精神却分外的活跃。接着是杰克·萨利一段独白：“我是一个梦想带来和平的勇士，但是，迟早你要醒来。”

晚上，杰克·萨利的家——这是一个很小的房间。

杰克·萨利仍在对着镜头自述："我为了磨炼自己加入了海军陆战队。我告诉自己，任何一个男人能通过的挑战我都能通过。"

残疾使他对外界的觉知分外敏感，内心分外活跃——

"如果有钱，就可以整脊，但是，靠抚恤金是远远不够的，而且，抚恤金不知道什么时候能够到自己手里。"

"这个世界永远都是这样，弱肉强食，没有人会对你伸出援手。"

我们可以看到，杰克·萨利在思考，在对这个社会的价值准则做出自己的判断（这正是他的"心"声）。心在告诉他：这一生废了，只能靠抚恤金生活了。但隐隐约约中，又有一个声音在反抗。这一点，可以从一些细节中看到——尽管双腿残疾，他走进台球室时，拒绝别人的帮助。在内心深处，他渴望像正常人一样，有价值地活着（这是"灵"的声音）。但是这种渴望，在残酷的现实面前，显得如此微弱。

酒吧里，一个男人正在调戏一个年轻的女孩，周围人都是一副事不关己的态度。杰克·萨利出手相救，显然，身体残疾的他不是那个男人的对手，他被打倒了，并连人带轮椅被扔出了酒吧。

我们的身、心、灵，多数时候也和杰克·萨利一样，是分离的，是在矛盾和斗争的，如下图：

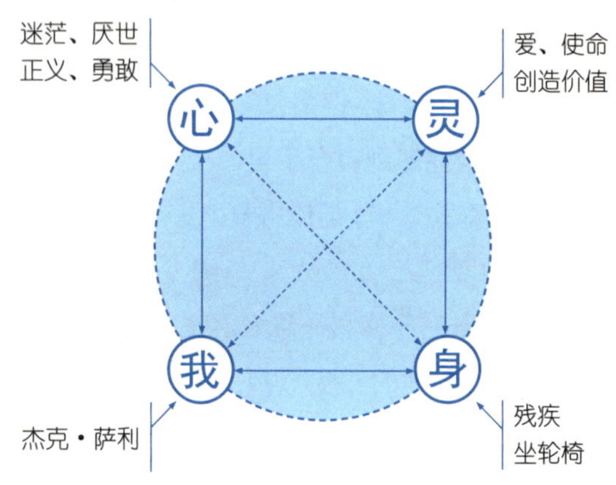

觉知课“我、身、心、灵”结构图（杰克·萨利）

在大雨中，有人找到了躺在地上的杰克·萨利，并带来了他双胞胎哥哥汤米被人劫杀的噩耗——有人为了钞票，夺走了汤米的生命。

原来，在潘多拉星球上，有地球上稀缺的一种宝贵能源。为了获得利益，地球人开启了一项名为“阿凡达”的计划，用地球人的基因和潘多拉星球上“纳美人”的基因混合，克隆出“阿凡达”，以此融入纳美人的生活，去了解并征服他们。汤米参加了这个阿凡达计划，因为意外死亡，影响了这个项目。

“阿凡达”造价非常高昂，由于杰克·萨利的基因和他哥哥的基因有98%的相同，他被机构选用，希望他能代替他哥哥延续这个计划。对方向他承诺，事情成功后，他可以得到一笔钱去整脊，重新站起来。这对杰克·萨利来说无疑有着致命的诱惑，于是他接受了建议。

故事，就这样开始了。

“我、身、心、灵”的分离，导致杰克·萨利痛苦、麻木地活着，他不知道人生将要去哪里？生命的意义是什么？一方面，他渴望有价值地活着；另一方面，他又茫然无措，找不到方向，如下表：

我	身	心	灵
杰克·萨利	残疾 坐轮椅	迷茫、厌世 正义、勇敢	爱、使命 创造价值

我们看到——镜头缓缓推近，汤米的遗体在火光中渐渐消失，杰克·萨利远远地凝视，他对自己说：“一个生命结束，另一个生命开始。”

杰克·萨利，他就在我们身边，他就是芸芸众生中“我、身、心、灵”不合一的人群中的一员。他告别汤米，也在告别过去的自己。潘多拉到底是个怎样的世界？让我们陪同杰克·萨利一起开始探索自己内心之旅吧。

因此，在阅读本书时，我们可以将自己扮演成杰克·萨利的角色，为了更简单的理解，书中呈现一位灵性思想“觉知者”来解读电影，以此构建电影主人公、读者与作者之间的互动。

摘录

- 人可以退役，但精神不可以退役。

- 在内心深处，他渴望像一个正常人一样，有价值地活着。

- 杰克·萨利，他就在我们身边，他就是芸芸众生中“我、身、心、灵”不合一的人群中的一员。他告别汤米，也在告别过去的自己。

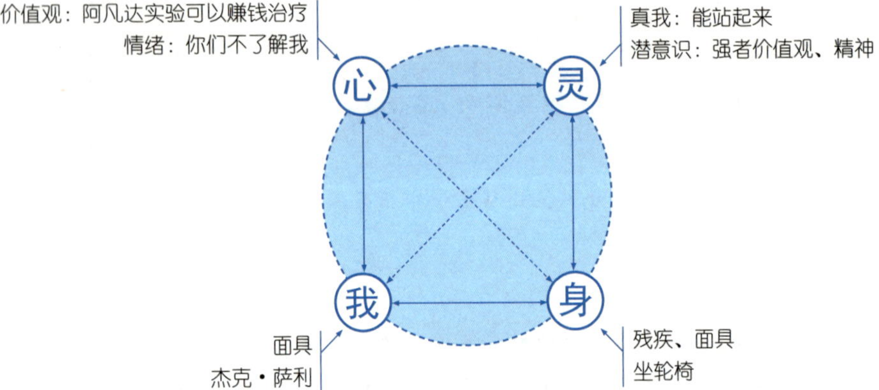

觉知课“我、身、心、灵”结构图（觉知面子）

“面子”——价值观的第一道枷锁

戴好你的面具，否则20秒内你会出现呼吸困难，4分钟内死亡。

——电影《阿凡达》

和众多被送往潘多拉星球的人一起，杰克·萨利穿着厚厚的防护服，带着氧气面罩，在沉睡了整整6年后，终于来到了潘多拉。

通过镜头，我们看到：暮色中的雨林，他们飞过一片峭壁，一片色彩斑斓的雨林。在山顶，有一片旋涡状的云，一片很原始的风景。树木的颜色都很青。这里有瀑布、河流，远处还有一片叫不出名

字的飞行生物。多么美丽的景色，恍若仙境。

飞机降落地面的那一刻，一个声音传来：“……你们可以下去了。戴好你的面具，否则20秒内你会出现呼吸困难，4分钟内死亡。”

觉知者：面具，这不是一个非常形象的比喻吗？它就像我们最在意的“面子”，一直都被我们自己戴着，从来不愿意摘下。对很多人来说，摘掉面子，比死亡更痛苦。

闭上眼睛，回忆一下，你有过多少“死要面子活受罪”的时候？

遇到喜欢的人不敢去追求，怕失败没面子；遇到合适的工作岗位不敢去争取，怕被人笑话不自量力；不敢在人群中大声地表达自己的观点，不敢说出自己的目标和梦想，因为怕被人嘲笑；和恋人分手，只因他说错一句话，损伤你的面子；分手之后明明还相爱，因为面子，谁也不肯开口。

类似这样的场景，太多太多了！面子，成为束缚我们心灵的第一道枷锁。恐怕，只有婴儿时期，我们才可以无所顾忌。婴儿摔倒了，就趴在地上“哇哇”地哭；婴儿看到自己喜欢的东西，就伸手去抓；不在乎别人的眼光，不在乎别人看自己裸体洗澡，多么美好、多么自然、多么和谐！婴儿多开心，童年多么无忧无虑，没有“面子”观的束缚，多快乐！

我们所要寻找的“真我”，就是“赤裸”地来到这个世间的那一刻，那个最真实的我。没有“面子”、没有宗教、阶级、文化、种族等各种价值观的束缚，没有社会强加给我们的种种规则和牵绊，没有思考和判断，内心纯净无痕，只是好奇地用眼睛和耳朵感受着这个世界，觉知生命的美好。**就像一棵树，静静地长在那儿，无悲无喜，无怒无怨，它只是按照生命的法则自然地生长，也能开出美丽的花，也能长成茂密的林荫，它仿佛什么都不争，却已经活出了最好的自己，以最好的方式诠释了生命的价值。**

然而，在众多的生命中，唯有人是高级有灵性的生物，从来到这个世界的那一刻起，就要进入社会，开始从一个自然人变成社会人的过程。在这个过程中，我们开始接受外界的一切认知、信息和知识，对错好坏的价值观不断影响着我们。我们渐渐被浸染，社会文化是怎样，就应该怎样活着。我们从出生时的“原创”开始，逐渐活在被社会设计的模式中，活成“盗版”。这个时候，“面子”出现了，我们开始戴着面具生活。他人看不见真实的“我”，甚至连我们自己也看不见真实的自己。

除非远离社会，否则我们必须受社会的熏染，“面子”的尊严似乎是一件理所当然的事情。我们不敢想象，摘掉“面具”的自己会成为什么样子。我们不禁和杰克・萨利一起发出疑问：难道我们要永远戴着面具生活吗？只能如此吗？

社会教化让我们被“面子”捆绑

如果真的有地狱，潘多拉简直就是天堂。要想在这里活下去，就一定要有坚强的意志，并且服从规则——潘多拉规则。

——电影《阿凡达》

人们一个接一个地下了飞机，在人群的洪流中，伴随着杰克·萨利的心声：在地球上，这些人是军人，前海军陆战队队员，为自由而战；但在这里，他们是雇佣军，拿工钱的，为大公司办事。

当坐着轮椅的杰克·萨利从滑梯上下来时，有人议论开来了：

“哦，天呐，这里还有一个吃闲饭的。”

“哦，伙计，这可是个大人物。”

……

杰克·萨利什么话也没有说，他只是静静地从人群中“走”了过去。

想象一下，如果我们就是杰克·萨利，一个残疾人，我们心里会怎么想？面对各种眼光和议论，我们会有什么样的感受？

觉知者：绝大多数人在进入社会时，就会接收到来自他人的眼光和评价。从婴儿到成年人的过程中，这些眼光和评价就会投射在他的“心”上，在他的“心”里产生各种反应，他的“心”开始有了杂质和杂念。他不能像从前一样随心所欲地生活了，他要变成“别人”和社会所认可的那个样子，去获取他所满意的评价。这个时候面子背后的虚伪、欺骗、否定、逃避、恐惧、奉承、拍马……都出现了。很多人，可以为了别人的“评价”，一辈子也做不回真正的自己。就像僵尸一样成为“活死人”，一辈子都体会不到真正的快乐，一辈子都不明白为什么活着，一辈子都找不到生命真正的意义。多么可悲啊！

别人的眼光和评价，会在我们心里产生各种情绪和反应。这样的场景在一生中，会多次、反复地出现，只要你身在社会，就不可避免。久而久之，通过沉淀积累成为负面的信念，不断地强化，总有一天，“心”会开始动摇，对“灵”发出质疑：我能完全按照自己的想法活着吗？我怎么可以不在乎别人的眼光？于是，“心”的反应越来越激烈，“灵”的声音越来越微弱。为什么丢掉面子这么难？原因就在这里！不去触摸自己的“灵魂”，不去倾听“灵魂”的呼唤。

面子会如枷锁一样，捆绑我们一辈子。就像电影中的那些军人一样，我们太多的人为了面子，麻木到已经忘了自己的梦想，沦为赚钱的“雇佣军”。

让我们继续回到电影中。

杰克·萨利打量着周围的一切，然而还未等他看清楚，一个男人出现了，他的脸上有着一道长长的疤痕，很凶狠的样子，他是潘多拉星球上的护卫队长，叫库里奇。

他在训话："女士们，先生们，欢迎你们来到潘多拉。如果真的有地狱，潘多拉简直就是天堂。这里天上飞的、水里游的、地上爬的，它们都想吃掉你，把你变成它们的食物。这里有一群名为'纳美人'的土著人，他们的骨骼包裹着天然生成的强化碳纤维，你根本杀不死他，非常可怕。我尽量保护你们，但我不能保住你们每一个人的命。要想在这里活下去，就一定要有坚强的意志，并且服从规则——潘多拉规则。"

觉知者：要想生存，必须遵守规则。这里的规则，是社会规则，包括法律、法规、道德、制度、宗教中的清规戒律和各种价值观。库里奇给这些新来的人训话，寓意着社会和组织对人的教化。这种情况在现实中很普遍，任何一个宗教、组织、团体都会试图去教化自己的“信徒”或成员。

婴儿没有“面子”意识，但在长大成人的过程中，不可避免地被社会教化，当社会规则与自己内心的价值观不一致时，你是否能坚持自己的立场？多数人是做不到的，所以需要用面子来保护自己，掩盖自己真实的想法、价值观、梦想，等等。

现在，你大概和杰克·萨利一样，明白了为什么摘掉面子那么难。它不是一些简单的训练就能做到的。面子，它是“心”里的杂质，只有觉知自己纯净的“心灵”，回归“灵魂”的世界，才能彻底放下。

面具背后的神奇大脑

这就是我们为什么在这里——超导矿石。就因为这种灰色的小石头每公斤能值两千万，这也是你们搞科研的经费来源。

——电影《阿凡达》

人们来来往往，拖着旅行包和箱子寻找房间。

一个名叫诺曼的生物学家小跑着追上了杰克·萨利。

他带杰克·萨利来到链接房，杰克·萨利看到了一个漂浮着的人形——那是汤米的阿凡达。诺曼告诉杰克·萨利，做阿凡达科学实验，要养成写视频日记的习惯，因为看到的、感觉到的，这全是科学的一部分。积累好的观察资料才能做好科学。

诺曼还告诉杰克·萨利，这个实验室的负责人，叫格蕾丝。她是一个传奇。她写了一本关于潘多拉植物学的书。

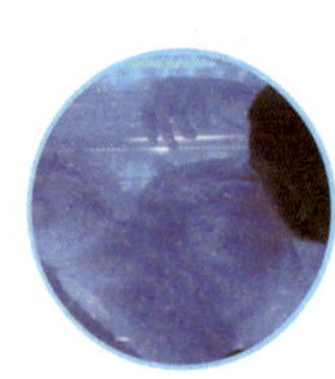

这时候，格蕾丝来了，从她的"阿凡达"中回来了。

很显然，格蕾丝对杰克·萨利并不满意："我知道你是谁，但是我不需要你。我要的是你兄弟——汤米，那个为这个项目训练了三年的博士。"

当格蕾丝问杰克·萨利做过哪些实验时，杰克·萨利很诚实地回答："解剖过一只青蛙。"这激怒了格蕾丝，她认为帕克——阿凡达项目的总负责人故意敷衍她，声称要去找他理论。于是，杰克·萨利和格蕾丝的第一次见面就这样不欢而散。

以下，是格蕾丝和帕克的对话。

帕克：你的人有个孪生兄弟很幸运，而且这个

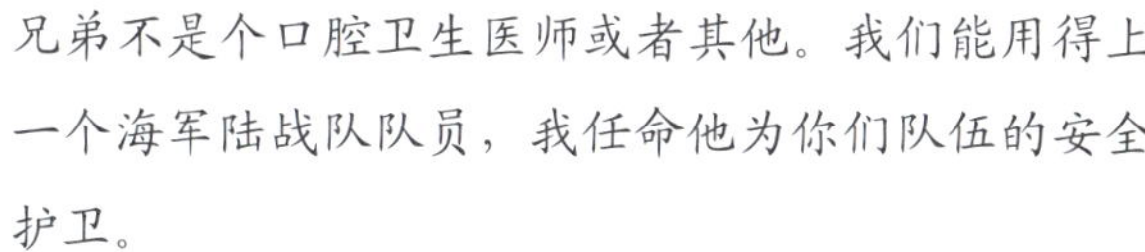

兄弟不是个口腔卫生医师或者其他。我们能用得上一个海军陆战队队员，我任命他为你们队伍的安全护卫。

格蕾丝：我最不需要的就是一个只会开枪的浑蛋！

帕克：你要做的是赢得那些土著人的心。如果你看着和他们很像，说话也和他们很像，他们是不是就信任你了？否则，我们和土著的关系只能越闹越僵！

格蕾丝：当你把机关枪对着他们时，这种事当然会发生。

帕克的桌子上有一个磁性底座，上面的半空中漂浮着一块金属岩石——超导矿石。

帕克：这就是我们为什么在这里——超导矿石。就因为这种灰色的小石头每公斤能值两千万，这也是你们搞科研的经费来源。这些野蛮人对我们的工作来说是危险的。我们在战争的边缘，而你，需要找到一个外交解决方案。所以用你有的，给我折腾出一些成绩来。

觉知者：电影中，进入潘多拉星球寓意进入人的潜意识。飞机停靠的地方就是意识与潜意识之间的区域。生物实验室链接房寓意连接显意识与潜意识的桥梁。从杰克•萨利摘下面具，到下飞机，再到库里奇训话，这一时期的杰克•萨利还是处于“我”的状态，即显意识的状态。当杰克•萨利进入链接房时，他便进入到潜意识的区域了。电影中帕克所说的超导矿石，寓意我们的潜能矿石。人类来到潘多拉星球开采矿石，寓意有组织地开发应用潜能。

什么是显意识和潜意识？

按照心理学通常的说法，人的视觉、听觉、嗅觉、味觉、触觉接触到外界的种种信息，这些信息会引起大脑的注意（准确地说是左脑），大脑会对这些信息进行分析、判断和处理。这就是显意识。

那么，什么是潜意识呢？按照弗洛伊德的说法，在人的意识中，有很多东西，例如隐私层面的、与性相关的、违背道德的（尤其是不道德的性）、内心的阴暗面……这一切无法启齿的，甚至连自己都接受不了的事件和记忆，意识就会对它进行压抑。这些压抑的意识去哪儿了呢？弗洛伊德认为，它们都跑到潜意识里去了。“潜意识”倒像是一个垃圾收容站，所有不道德的、阴暗的、见不得人的事件和记忆都在潜意识里形成负面的信念，成为“压抑”生命状态的可怕的稻草。

人的潜意识能量占95%左右，显意识只占意识的5%不到。我们的潜意识才是最大的宝库，那是我们隐藏的财富。人在婴儿时，在“真我”状态下，潜能都是百分百发挥作用的。他们的眼睛用来观看世界，他们的灵魂用来感知世界。他们所有的能量都用于创造。如果你能试着与他们交流，你会发现，他们虽然不会说话，但是他们的创造力超乎你的想象。他们可以自己学会很多复杂的东西，哪怕没有人教。他们对外界事物的认识，是如此新奇和独特，远远超过从书本上获得的知识。他们可以在没有任何老师教导的情况下，学会说母语，而我们最聪明的成年人，花费数年的时间学一门外语，也只能学到皮毛而已。

人在社会化的过程中，心中所想越来越多，我们在各种价值观中挣扎、纠结，心中充斥着太多杂念。就这样，不仅觉知不到“真我”，潜能也被埋没了。《阿凡达》是一部教我们寻找“真我”的电影，也是一部引导我们开发潜能的电影。当你明白了这一点，再看这部电影，就容易理解多了。

链接房，杰克·萨利终于和他的阿凡达连接上了。瘫痪已久的他，终于可以在潜意识里站起来奔跑，并且变得无比高大。他的欣喜无法形容。

他的大脑连接数据从 40% 很快跳到 97%。

觉知者：这里的阿凡达象征着人在潜意识状态下的自己。电影中的这些数据，寓意着我们进入潜意识的程度。杰克·

萨利的连接状况非常好，达到了97%。这意味着，杰克·萨利渴望探索潜意识的意愿度非常强烈。我们看到了什么变化呢？杰克·萨利变得高大了，他的身高达到了3.45米，有健康强壮的双腿，他的眼神不再空洞，而是充满了力量和喜悦的光芒！导演试图用这个细节告诉我们：每一个人，无论现实中如何，在潜意识的世界里都可以强大无比。发现自己的潜能，就是发现自己人生最伟大的宝藏。

链接阿凡达后，杰克·萨利非常激动。工作人员告诉杰克·萨利："你还没有适应它，不要乱动。"

"这太棒了。"杰克·萨利没有理会工作人员，他冲出了实验室，外面有篮球场，有小路，他光着脚，越跑越快，感受着泥土的触觉、阳光的味道。他的眼神充满欣喜和好奇，整个人充满了生命的活力。就连对他不太有好感的格蕾丝也被他此时的状态感染了，格蕾丝递给他一个甜瓜，他对格蕾丝报以微笑，大口大口地品尝起来。

觉知者：生命中，我们偶尔也会有摘下"面具"放下面子做回真我的片刻。没有思考，没有评判，没有"别人怎么看我"的想法，只剩下感受，只是单纯地觉知当下很轻松的感受，体会生命的美好。此时，我们内心满足，人际关系和谐，万物都焕发光彩。这是最好的自己，即使现实身体残疾，在潜意识里也可以变成最健全的强者，最有力量的自己。只是，对多数人来说，这种轻松感受的状态很难持续。而我们要做的，就是持续地保持这种美好的感觉。在接下来的探索中，要告诉你的一个关键点就是，杰克·萨利是因为双腿残疾而在潜意识里可以站起来奔跑，显示出无比自信的精神状态。

电影故事告诉我们，假如我们学会放下面子、放下身段、放下自尊，当下就能觉知到：我就是世界上独一无二的自己，我就是前无古人后无来者的“奇迹”。即使残疾也是与众不同的。假如身心灵保持这种觉知连接、保持情绪能量平衡，面具背后的“我”即刻就可以获得精神自由和当下的自信与快乐。

摘录

- 面子，成为束缚我们心灵的第一道枷锁。恐怕，只有婴儿时期，我们才可以无所顾忌。

- 我们渐渐被浸染，社会文化是怎样，就应该怎样活着。我们从出生时的“原创”开始，逐渐活在被社会设计的模式中，活成“盗版”。

- 《阿凡达》是一部教我们寻找“真我”的电影，也是一部引导我们开发潜能的电影。当你明白了这一点，再看这部电影，就容易理解多了。

I see you

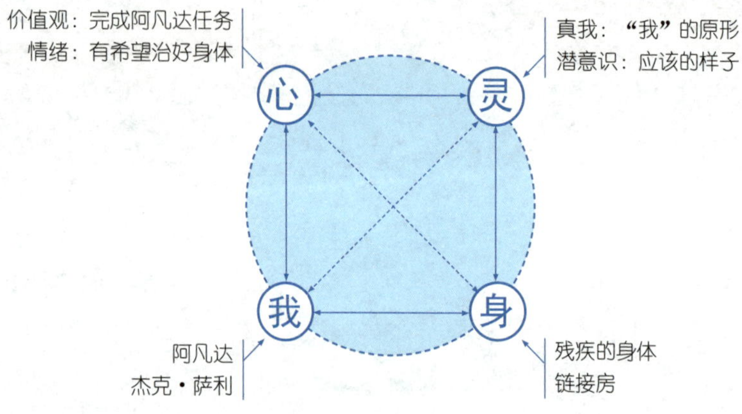

觉知课"我、身、心、灵"结构图（觉知隐私）

隐私——隔断心灵连接的第二道“开关”

一碰就缩回去的螺旋叶，类似地球上的含羞草，它就是我们内心不可示人的隐私。

——杨新明

女飞行员楚蒂找到杰克·萨利，告诉他库里奇找他。

库里奇：我看了你的记录。孩子，你来这里，说明你有胆量。

杰克·萨利：我发现了——这里，就是另一个充满腐败、堕落以及危害的地方。

库里奇：我早你几年退伍。如果我回去，他们可以治好我的伤疤。但是你知道吗？从某个方面讲，我还挺喜欢它的。它每天提醒我外面的世界有多么残酷。另外，我也不能离开，这是我的战场……阿凡达项目就是个该死的把戏，但我需要你学习那些野蛮的纳美人，取得他们的信任。

杰克·萨利（点头）：听起来不错，上校。那我还跟着格蕾丝吗？

库里奇：暂时你还跟着她，其他一切不变。你给我我要的，当你回家时，我给你一双健全的腿。

觉知者：电影带我们进入"隐私区"。杰克·萨利带着任务加入到格蕾丝团队，但却背着格蕾丝私下和库里奇有交易，这成为他的一个隐私。

进入阿凡达链接时间，格蕾丝和杰克·萨利对话：

格蕾丝：所有的这些（指的是链接房）的存在，可以让我们与那里的人（纳美人）建立互相信任的桥梁，他们可以教给我们的东西太多了。但是，我们要谢谢库里奇和他的那帮暴徒，他们让纳美人不

理我们了。

杰克·萨利：那怎么办？

格蕾丝（转向诺曼）：我们有一个新人。你能很流利地说他们的话，你还学习过他们的文化，你也没有威胁，也许能给你一个机会，也许你能解决冲突。

杰克·萨利：我们怎么联系他们？

格蕾丝：我们不联系他们，他们联系我们。前提是他们看见我们拿样本，并对森林有着足够的尊敬，（对杰克·萨利强调）不是虐待视线中所有的东西，他们就会来接触我们。

接着，阿凡达链接上了，杰克·萨利、格蕾丝、诺曼、楚蒂一起坐上直升飞机，飞上了高空。杰克·萨利将头伸出窗外，对这神奇的自然风光发出赞叹之声。

从飞机上下来后，一个像猴子的生物——潘狐猴从他们头顶的一条树枝跳到另一条树枝上。杰克·萨利举起枪，格蕾丝阻止了他。

格蕾丝温柔地拨开泥土，里面露出了一团植物的卷须。

格蕾丝：看，这里就是两棵树的根相交的地方。

格蕾丝和诺曼蹲在一个巨大的、像章鱼触手一样的树根中间。她用一根针一样的探测器取了一点样本，诺曼在用一个电子仪器扫描树根。杰克·萨利很烦，于是他走到了几米开外。

他来到了一个林中空地，这里都是齐肩高的螺旋状的植物：螺旋叶。他不小心碰到一株，然后——嗖！它快速地卷进了地上的一个小管里，就像消失了似的。好奇的杰克·萨利又碰了另外一株——嗖！然后另一株——就像放空气球的气。嗖！嗖！嗖！

紧接着，连锁反应开始了，所有的这些植物都缩进了地里。

觉知者：一碰就缩回去的螺旋叶，类似地球上的含羞草，它就是我们内心不可示人的隐私。一旦触及，就会立即启动身体里的防御机制，本能地缩回去。不仅是别人不能碰，甚至就连自己不小心碰触到，也会引起强烈的本能反应。很多时候，隐私是连自己都不能轻易逾越的禁区。

隐私，和面具是不可分割的。

面具之下藏着什么——隐私：不自信，羞于启齿的过去，不愿意展示人前的人、事、物、经历等，都藏在面具之下，是每个人在成长中不断堆积起来的“隐私”。

隐私，顾名思义，隐蔽、不能公开的私事。在汉语中，“隐”字的主要含义是隐避、隐藏，引申为不公开之意。

“私”字的主要含义是个人的、自己的，秘密的、不公开的。

觉知者：有趣的是，人类最早的“隐私”，也是从身体开始的。从人类抓起树叶遮羞之时起，隐私就产生了。隐私是自然人进入人类社会后的第一个表现，它应当产生于人类劳动之前，即在原始人能够进行抽象思维之前，就已产生了类似的意识和本能。

远古时期的人类，还有刚刚出生的婴儿，包括变成阿凡达的杰克·萨利，他们的身体不需要隐私，他们可以让皮肤裸露在外，体会风的抚摸，感受阳光的温暖，与泥土亲密接触觉知感受。成为社会人之后，隐私成了我们的一道心灵枷锁，首先是锁在了我们的肉身上。虽然，我们的身体不能再毫无顾忌地裸露于外界，但是依然要保持身体对于外界的感知。

时至今日，隐私当然不仅仅是指身体的隐私，它更多的是指心里的隐私，包括：自己的缺点、做过的糗事、与众人不同的观点、不道德的欲望、所做过的违背良心的事、所犯过的错误……

每个人都有隐私，隐私的范围实在是太大了。这么多的隐私阻碍着我们去碰触我们的内心，我们还能和自己的“灵魂”对话吗？于是，隐私就成了隔断心灵连接的第二道“开关”。

隐私是如何堆积起来的

杰克·萨利是有隐私的，在他残疾的身躯之下，有着一颗坚毅的心和不屈的灵魂。但是这些他从来没有跟任何人讲，这是他的隐私。因为社会看待残疾人的眼光，就是在看一个“废人”。如果一个残疾人跟别人讲他有什么远大的抱负，那一定会被人质疑。所以电影中有杰克·萨利很多的心灵独白。

由此可见，隐私是人的一种本能，它在人的潜意识里。

隐私的形成与认知价值观、社会规则（道德、良知、教育、人际关系等）有关。当人们无法按照自己的想法和内心的感知来生活时，就一定会感到不安和内疚。因为我们不知道如何去平衡“自己不为人知但又真实的想法”与社会价值观的关系，所以，隐私开始堆积起来。

我们要分配很多能量去顾及我们的面子，还要分配很多的能量去保护我们的隐私。这些内耗的杂念，无时无刻不在影响着自己的精神状态，抑制住难能可贵的创造力。

不仅如此，社会、学校、父母、亲人……正在给人灌输一种僵化的意识形态和行为模式，让真正的“我”无法真情绽放。内心真实的想法和身体真实的做法与社会价值观格格不入时，还不能自由、充分地表达自己的这些想法和做法，隐私就会堆积，不能说、不想说、不敢说、不会说的想法和做法越堆越多时，创造力就会被摧毁，潜能就会被扼杀，最后活成一副“僵死”的模样。

隐私分为三种，身体的、心理的、心灵的。

身体的隐私。不敢去医院体检，生理器官问题不愿意告诉别人，哪怕是一个很小的皮肤病都害怕展示人前，甚至堆积成自卑感……这些都是身体的隐私。

心理的隐私。从小被“男儿有泪不轻弹”的价值观教化，长大后男人会将内心脆弱的情绪堆积成隐私，不敢轻易在人前流露，这就是心理上的隐私。

心灵的隐私。包括事业、目标、使命、梦想、灵性价值观等。“僵死者”们都是用现在的能力来评估自己未来的事业与梦想，当然会吓到别人和自己。例如内心有一个远大的梦想，可当下还是一个学生，并不出众，自己什么都不是，这时说伟大的梦想，害怕笑掉别人的大牙，万一实现不了多没面子，干脆不说。这时候的梦想就是心灵隐私。

隐私越多越不快乐

我们的潜意识里，有正能量，也有负能量。而隐私，就是潜意识里的一种负能量，它会消耗正能量。原因如下：

1. 隐私堆积成潜意识的负荷，人担心隐私被暴露，所以会紧张、焦虑，甚至成为心病。

2. 隐私越是被压制，越容易被强化。在心理防御机制里，越是紧张什么，就越是关注什么，大脑就越容易想到什么；重复关注，实际上是在强化隐私，就会堆积成心中的沉重大石。有些隐私可以堆积几十年甚至是一辈子。

3. 灵魂里的隐私是被压抑的欲望。欲望的特点是越得不到，就越想得到。这种负能量会埋没一生的潜能，直接将人的才华带进坟墓。

人必须学习接纳自己的隐私，诚实面对带着各种隐私的真我，并勇于释怀，这样才能真正地爱护自己，让生命绽放！

生活中需要与宇宙连接、与环境连接、与他人连接、与自己的心性连接。而最完美的连接，就是敞开心扉的释怀，轻松、自由、开放、坦诚相见，这也是延年益寿的养生之道。

杰克•萨利和格蕾丝的小故事，很好地诠释了这一点。

电影开始不久，杰克•萨利以退役军人的身份出现在格蕾丝面前时，她很不喜欢他，表面上看她嫌弃杰克·萨利不是科学家且身体残疾，实际上是因为她内心深处讨厌军人的杀戮。此时，因为杰克·萨利与库里奇达成了一笔“交易”，这也成为他和格蕾丝之间的隐私——他们彼此不了解、不信任，关系疏远甚至有些敌对。

后来，当他们逐步向对方敞开隐私，开放自己时，他们看到了对方的灵魂，看到了彼此都有善心、善行、善举，最后他们成了生死挚友。

在工作和生活中经常发生类似的事情，我们刚到一个公司，大家都很客气，日常交流也是只说一些场面话，我们很好地掩饰着自己。虽然相安无事，但心却隔着很大的距离。我们和同事朝夕相对，却不能真心相交，往往是在一起共同经历了一些事情或一场旅行，达成情感的连接之后，才能和某些人成为知心朋友。原因何在？因为在那个过程中，彼此之间或多或少都会释怀自己的隐私，让对方看到面具背后灵魂深处的圣洁的“种子”。

摘录

- 一碰就缩回去的螺旋叶，类似地球上的含羞草，它就是我们内心不可示人的隐私。

- 隐私分为三种，身体的、心理的、心灵的。

- 人必须学习接纳自己的隐私，诚实面对带着各种隐私的真我，并勇于释怀，这样才能真正地爱护自己，让生命绽放！

I see you

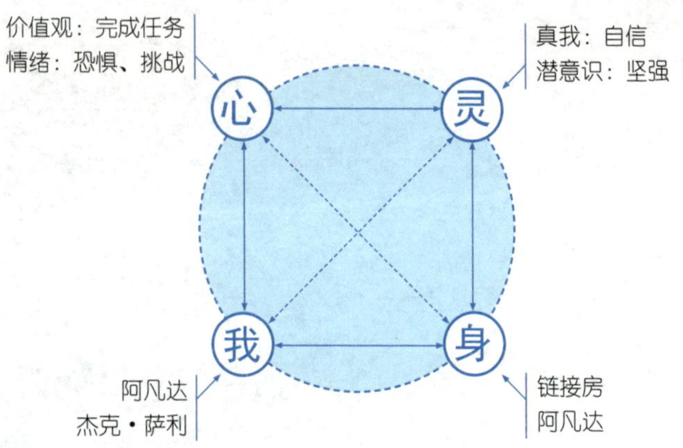

觉知课“我、身、心、灵”结构图（觉知安全）

何为安全感

它们没有攻击性，它们只是要保护自己的领地。

——电影《阿凡达》

就在所有的螺旋叶缩回去之后，一群巨大的锤头兽出现在杰克·萨利后面。它们用不怀好意的眼睛使劲盯着杰克·萨利，他举起了枪，格蕾丝赶紧跑了过来。

格蕾丝：不要开枪，你会激怒它们的。

锤头兽发出吼叫声并展示了它们三米宽的大锤一样的头。

杰克·萨利：它们已经被激怒了！

格蕾丝：杰克，那层皮太厚了，相信我。

杰克·萨利开始后退。锤头兽又发出了剧烈吼叫，用蹄子刨着土地。

格蕾丝：它们只是要保护自己的领地，不要跑，否则它们会进攻。

杰克·萨利：那我怎么办？

格蕾丝：原地别动！

一只锤头兽挥动着它巨大的脑袋，砸来砸去，把一些树砸倒。它咆哮着，垂下头开始进攻。

杰克·萨利大叫着，疯狂地挥舞着他的手臂并且朝着那个大家伙冲过去。锤头兽突然停下了。

觉知者：“它们只是要保护自己的领地。”这个“领地”，就是人的安全防御区。触犯隐私会令人愤怒，原因之一就是它威胁到了人的安全感。我们戴上面具，藏有隐私，其实都是为了满足自己的安全感。当然，靠“面具”和“隐私”所维持的安全感，并非是真正的安全感，那只是我们自己所营造的“假象安全”。

很多人得不到真正的安全感，就活在这种自我营造的“假象安全”

中，例如有些人说“不去爱就不会受伤”。我们要获得真正的安全感，就要打破这种自我营造的“假象安全”，**开放自己，认识自己，接纳自己，触摸自己的灵魂。**这个转变过程是痛苦的，但是，我们只有经历这个阶段，勇敢去爱，才能赢得真爱，真正让安全感建立起来。正如电影中的杰克·萨利一样，他对着锤头兽大叫，寓意着他勇于面对自己过去的一切，在渴望探寻身心灵的道路上前进着——

他开始表述自己真实的想法，
他试图释怀自己的隐私。

但这威胁到了自我营造的那种“假象安全”，所以锤头兽发出哀鸣。类似的经历在很多人身上都存在着。即使碰触到一个不自信的人的隐私，他都会表现出歇斯底里的愤怒，这也是因为他自己所营造的那种“假象安全”受到了挑战。

你是否有过这样的经历？某一段时期，总是显得郁郁寡欢或者忧心忡忡，即使身处顺境，内心也患得患失，甚至陷入纠结苦闷之中，连你自己都说不出原因，这就是典型的“安全感恐惧症”。

安全感——不快乐、压抑、苦闷、焦虑时都会想到它。可是究竟什么是安全感？

觉知者：人类的精神世界是否感觉满足有赖于内心深层

的两种感觉，一是安全感，二是归属感。前者与恐惧（死亡、伤害、痛苦）有关；后者与孤独（依恋、隔离、无助）有关。

为了安全感，人类建立了秩序、规则、系统以及派生的科学、真理、文明。

为了归属感，人类发明了家庭、婚姻、组织、国家，以及派生的哲学、意识形态、价值体系、法规、美感与爱情。

关于归属感，我们会在后面“觉知家园”的章节里详细探讨。

安全需求有两种，一种是人与生俱来的，本能中就有的需求。例如，婴儿饿了会哭泣，睁开眼看不到父母也会哭泣，这是本能反应。再例如，你到高空准备蹦极，意识让你跳下去，安全需求的本能却让你的腿和肢体僵硬，你不得不反复说服身体蹦极很安全，不然你的身体会拒绝往下跳。这也是安全感做出的本能反应。这个层面的安全感，我们通常是觉知不到的。如下表：

我	身	心	灵
我	安全需求的本能让你的腿和肢体僵硬	意识让你跳下去	你不得不反复说服身体蹦极很安全

让我们感到困扰的，能意识到的“不安全”，是被文化和社会诠释过的安全感。

不同的人，内心对安全感会有不同的需要，这取决于人内心的四个基本依附：一是宇宙系统，二是自然环境，三是自我心性，四是人际关系。倘若你假定世界是美好的，值得我们珍惜的，人类是友善的、互助的，自己是可爱的、有价值的，那么，你的安全感就很充沛、很强烈。如果你假定世界是充满危险的，人类是自私的，自己是无价值的，你就会非常缺乏安全感，并且充满沮丧、紧张和害怕等负面情绪。

所需要的安全感太多

为什么你总觉得缺了什么？

为什么你总是不能坚持梦想？

为什么你总是无法放松？

为什么你总是烦恼又浮躁？

为什么你总是找不到注定的另一半？

为什么你总是追求无法得到的东西？

一切的一切，似乎都是“安全感”在作祟。难道这是“安全感”

本身的错吗？

觉知者：“不安感”不是贫困、失败者的专利，很多社会公众眼中的成功人士，也一样没有安全感！甚至，那种因“不安感”引起的焦虑和抑郁，在成功人士身上更甚。例如很多企业家，虽然拥有万贯家财，却没有安全感，总是担心公司会因为人才、现金流、业绩、战略、风险而出问题，即便精神状态很差，甚至牺牲掉陪伴亲人的时间也要忙于各种工作。还有现代人的“过度社交”，也是“不安感”在作祟——在人群中即使很无聊，也比自己一个人待着更安全。

“安全感”不是固定的一个值，它因人而异。人们对生活有不同的期望值和不同的评价，表现出来的安全感则完全不同。比如，贫困山区的人，只要没有出现自然灾害，地里的收成还可以，他们就会觉得很有安全感，生活得很开心；可是对于另一些人来说，即使买了名车，买了豪宅，父母健在，儿女双全，与爱人关系融洽……就算你把能给他的一切都给他了，他也仍然没有安全感，仍然不开心！与此类似，每个女人心中都有一个假想的第三者，无论“她”是否真的存在，女人都会去假想有一天“她”会出现的。无论是总统还是普通人，都逃脱不了感觉自己不够好的“宿命”，所以永远都不会满足，永远都不会有绝对的安全。

渴求安全感，成了人们内心深处最热切的呼唤。

安全感与“假象安全”

我们都有过换工作的经历。

有一天，突然觉得自己的生活太沉闷。你想起了自己的梦想，热血沸腾，找了一份自己喜欢的新工作，你以为这是你人生幸福的起点。可是做了没多久，发现没起色，收入不见增长，开始怀疑自己，担心5年、10年后还是这样，看不到未来的希望。于是选择了放弃，同时也放弃了选择，生活又变成一个恶性循环。你痛苦，却没有勇气改变。

大多数人的心里都住着一个“真我”，他大声说出自己的想法，却得不到倾听，他怀抱梦想，却被告诫要活得现实一些。“孩子，你想做企业家，很有理想。但首先你要做个医生，这样你才会有退休金和铁饭碗。”我们的脑海中经常会反复出现“你可以做什么，不可以做什么”的声音。

追求安全感是人的本能，可是为什么“安全感”又会成为我们前进的阻碍呢？这是因为我们被“假象安全”绑架了。

摘录

● 开放自己，认识自己，接纳自己，触摸自己的灵魂，这个转变过程是痛苦的。但是，我们只有经历这个阶段，勇敢去爱，才能赢得真爱，真正让安全感建立起来。

● 倘若你假定世界是美好的，值得我们珍惜的，人类是友善的，互助的，自己是可爱的，有价值的，那么，你的安全感就很充沛、很强烈。

I see you

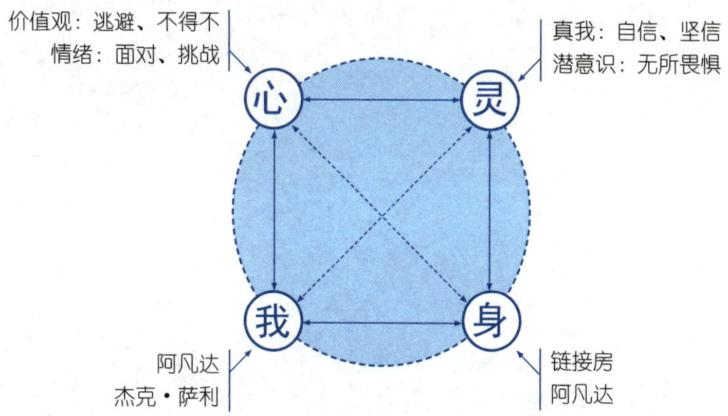

觉知课“我、身、心、灵”结构图（觉知恐惧）

恐惧是一种力量

恐惧本身并不是一种负能量。

——杨新明

当锤头兽跳出来保护自己的领地时，杰克·萨利攻击了它。正在杰克·萨利为自己成功击退锤头兽而得意时，一只闪雷兽在他身后出现了。

闪雷兽发出震耳欲聋的吼叫，它面对着杰克·萨利，露出了尖牙。

杰克·萨利：跑还是不跑？

格蕾丝：跑。一定要跑！（格蕾丝的眼中也充

满了惊惧）

杰克·萨利奔跑起来……

觉知者：恐惧是人类的一种本能。闪雷兽象征着恐惧。当杰克·萨利试图释放隐私、放下“假象安全”时，恐惧却不合时宜地出现了，此时他的本能反应是——撒腿就跑。

人们对恐惧的体验实在是刻骨铭心，因为要面对的恐惧实在是太多了——害怕变老、害怕失去亲人、害怕失败、害怕没钱、害怕病痛、害怕悲伤，等等。恐惧不请自来，只要你还活着，恐惧感就永远陪伴着你。

人类的大脑时刻准备着挽救生命。站在恐龙面前，你不会思考自己要跑多快才能逃生，而是马上撒腿就跑。因为恐惧，远古的人类早就学会了想办法躲避自然灾害和挑战野兽。

杰克·萨利撒腿就跑，在丛林间攀爬闪躲。唰！一只爪子从背后袭来，杰克·萨利一躲，闪雷兽的爪子重重地击在树干上，撕下一块树皮。杰克·萨利狂乱地向前冲，闪雷兽跳起，杰克·萨利钻进了一棵大树下面的树洞里。闪雷兽撕扯着树根，杰克·萨利好像无处藏身，场景惊险无比。

杰克·萨利近距离开枪了，但是枪很快被闪雷兽咬住，抢了过去。整个树根被拔起的瞬间，杰克·萨利向外面冲，然而背包却被闪雷兽死死咬住了，情急之下，杰克·萨利解开背包继续狂奔逃命。

情况越来越危急，前面就是悬崖，已无路可走！杰克·萨利毫不犹豫地跳了下去。悬崖上，闪雷兽发出了心有不甘的怒吼，吼声在丛林里回荡了许久。

觉知者：面对闪雷兽的追击，杰克·萨利为了活下去，反应无比迅捷，表现出了惊人的勇气。他的速度飞快，爬、跑、跳，当背包被咬住时，他在瞬间做出反应——解开扣子，放弃背包（放下包袱），最后逃到无路可走的悬崖时更是毫不犹豫地跳了下去。

杰克·萨利的一切动作，都是靠本能完成的，关闭逻辑，也没有时间去思考，在这整个过程中，他的意识是停止的，这一系列的动作和反应都是在潜意识中完成的。这就是人们通常所说的潜能。经历恐惧，经历危险，你或许和杰克·萨利一样，能表现出超乎想象的不可思议的潜能。

很多发明、很多进步都与恐惧有关。人们恐惧黑夜，所以发明了电灯；恐惧疾病，所以发明了医药；恐惧距离，所以发明了火车、飞机和电话；恐惧飞机失事，所以发明了降落伞；恐惧青春的流逝，所以发明了各种养颜化妆品。没有恐惧，或许就没有人类文明的进步。

人的潜能会在恐惧和困境下被激发，得到最大程度的开发。一切都由自己决定——“愿意和不愿意”。例如，地震超过7天，按照生物学的理论，废墟下已经不可能还有活着的人了，救援已经全面停止了，可是几天后，人们却发现了幸存者。这就是接近死亡所产生的极度“求生意愿”，它唤醒了热爱生命的极限潜能。

但是，不同的人对恐惧的反应是不同的，只有那些意志坚强的人才能战胜恐惧，让恐惧变为一种力量而活下来。多数人则是被恐惧打倒，没有熬过7天生命已然终止。

我们可以分析一下，地震中两类人的不同反应：

幸存者：身体充满力量；心里无杂念，“真我”求生的正能量，身心灵合一，坚强不屈的精神状态。

死亡者：身体疼痛不堪；心里充满悲观，精神状态极差，生命直接被摧毁。

由此可见，恐惧对人造成的影响积极与否，取决于能否觉知到“真我”精神状态的存在，取决于能否释放潜能，身心合一。

现实的恐惧与想象的恐惧

想象的恐惧要比现实的恐惧大一百万倍。

——杨新明

让人们惶惶不可终日，感觉抑郁痛苦的恐惧，很多都是想象的恐惧。如何区分现实的恐惧和想象的恐惧呢？弗洛伊德举了一个很形象的例子：假设在非洲丛林里看见一条蛇，这是现实的恐惧；假设在一个房间里，担心会冒出一条蛇，这就是想象的恐惧。

想象的恐惧是对未来的未知想象而生出的恐惧感。尽管你真正担心的事情从未发生过，但想象的恐惧比现实的恐惧大一百万倍。

想象的恐惧是如何产生的？恐惧本身并不可怕，可怕的是对它的过分关注和重复的想象。你越是回应它，它反弹的力度就越大；你越是关注就越容易实现。恋爱中的男女，由于过分关注“小三、离婚、吵架、存款、房子、车子”等，所以出现那么多不嫁不娶的大龄青年。他们一旦发现一点不好的苗头，哪怕仅仅只是一次没接电话，就会把负面情绪无限放大，想象的恐惧的画面就出现了：他（她）是不是有外遇了？是不是有别人了？是不是不要我了？这种想象的恐惧可以说是庸人自扰。

恐惧是生活的一部分，是意识的一部分。人要学会与恐惧相处。

你越是排斥它，便赐予它越多的能量，这就像火山，总有一天会爆发，只是时间早晚的问题。

接受恐惧的存在

面对恐惧的唯一方法就是接受恐惧。应对得当，恐惧可以带给人力量，只有想象的恐惧才会摧毁人的精神和意志。因此，我们所要探讨和解决恐惧的方法，主要就是接受恐惧的存在，停止想象，当你真正面对时，会发现其实“恐惧”一点都不可怕。**觉知当下，无条件接纳自己的现在，从当下去寻找力量。**

如何接受恐惧的存在？

1. 设定坚定不移的目标。规划长期、中期、短期目标，把目光落定到当下的计划、时间和每天要做什么。享受当下已经成功的成就感和快乐。

2. 让身心充满爱。爱身体的每一个器官和每一寸肌肤，热爱运动、珍惜生命、守护生命；爱生活、保持积极的心态和形态，充满正能量；爱事业与梦想、创造美，感动自己和别人。

3. 帮助和成就他人。助人为乐、自觉利他；觉心知性，奉天益人。

4. 把以上的方法写出来、画出来、说出来、录下来、贴起来，放在家里、公司里、手机里、网络里。每天让自己重复地看见、听见，重复强化并充满整个大脑，让恐惧不再成为主角。坚持一年、三年、五年、十年，一切将奇迹般改变。

如何让自己的生命充满爱？让我们和杰克·萨利一起继续向前探索吧，在后续的探索中，当我们修习好“无畏、家园、潜能和情绪”四门都市身心灵觉知课后，我将为大家揭开“真爱”的秘密。

摘录

- 很多发明、很多进步都与恐惧有关，人们恐惧黑夜，所以发明了电灯；恐惧疾病，所以发明了医药；恐惧距离，所以发明了火车、飞机和电话；恐惧飞机失事，所以发明了降落伞……

- 不同的人对恐惧的反应是不同的，只有那些意志坚强的人才能战胜恐惧，让恐惧变为一种力量而活下来。多数人则是被恐惧打倒，没有熬过7天生命已然终止。

I see you

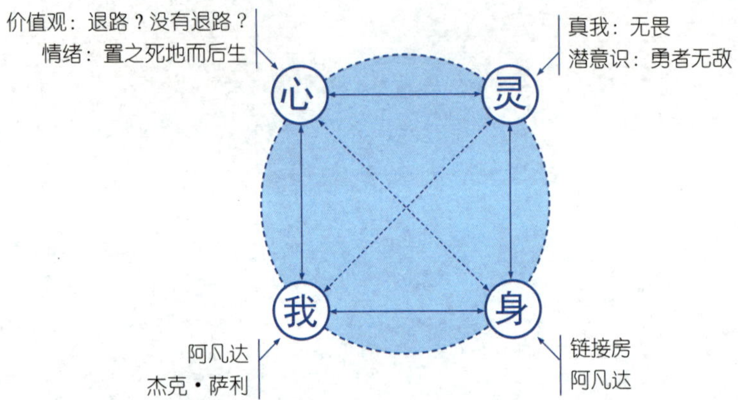

觉知课“我、身、心、灵”结构图（觉知无畏）

你的内心藏着一个无畏的真我

杰克·萨利：为什么救我？

奈蒂莉：你有一颗坚强的心，无所畏惧。

——电影《阿凡达》

从深潭爬出来后，杰克·萨利很紧张，他警戒着，谨慎地穿过森林。然而在他身后，便是几只眼中闪烁着幽幽绿光的毒狼。很快，它们将他包围了。

令人恐惧的狼嚎声越来越多，它们在召唤同伴。

一只毒狼试着从背后进行攻击，杰克·萨利敏捷地转过身，把火把捅到它脸上。

杰克·萨利（大叫）：来吧！来吧！都来吧！

三只毒狼同时攻击。其中一只扑向杰克·萨利的喉咙……

杰克·萨利用无比强大的勇气面对毒狼的攻击，击退毒狼一次又一次的进攻，杰克·萨利没有退缩，他像一个勇士那样对毒狼大叫："来吧！来吧！都来吧！"

觉知者：此时的杰克·萨利已连接着阿凡达，也就是潜意识状态的杰克·萨利。在前面，我们已经看见"阿凡达"长到了3.45米，比以往更强大。每个人的潜意识中都有着无穷无尽的能量，它源自生命的本能，是出生时宇宙便赐予我们的。这些能量之中，就包括勇敢无畏的力量。杰克·萨利在探索"真我"的过程中，他的潜意识一步一步地觉醒——生命中本能的无畏被激活了。

人在刚出生时都是无所畏惧的，你的内心藏着一个无畏的"真我"。我们经常看到类似"有人不慎落水，有人英勇救人甚至牺牲"这样的新闻。通常，人们会对这样的行为给予"见义勇为、道德高尚"的评价。

"救人"这种行为，真的是出于道德高尚吗？关注一下新闻会发现，面对记者的采访，“救人者”多数会说这么一句话：“当时没想那么多，就觉得自己应该跳下去！”这句话揭示了见义勇为背后的真相，那些英雄并不是出于道德感而救人，而是出于没有逻辑的本能去救人！**“英勇行为”是人的本能之一，根植于人的潜意识的善念之中！**事故发生的那一刻，倘若人没有进入潜意识，而是停留在“意识”的层面，进行着价值判断，思考着救人的名利和危险，那么多半他不会去救。只有那些什么都不想的人，才会在瞬间跳下去，因为逻辑关闭时生命本能的爱就会升华。

让我们静静地回想，静静地觉知——

人在年幼时都有一个关于强者、英雄的梦想。童年时，我们都深深地渴望自己天赋异禀、有所作为。也曾经，我们希望营造美好的人生，期待高品质的生活。可恐惧、挫折占据了琐碎的生活，使我们忘记了曾经的梦想，忘记了自己原本无畏的强大。

人不是生来就平庸，而是逐渐变得平庸。让我们和杰克·萨利一起，去重建梦想，去唤醒心中那无畏的力量。

直面恐惧，无所畏惧

毒狼没有杀死杰克·萨利，在那千钧一发的时刻，一支箭射中了毒狼的喉咙。这箭是女主角奈蒂莉射出的。

她已经偷偷地关注杰克·萨利很久了，而且几次将箭瞄准他，想要杀死这个外来者。但是最终她把弓箭放下了，因为她看到圣树种子飘向他。

奈蒂莉从杰克·萨利手中夺过火把扔掉，刹那间，森林里所有的植物都发光了。

她走向死掉的毒狼，用纳美语对它说："原谅我，我的兄弟。愿你的灵魂与艾娃女神同在。"

杰克·萨利：谢谢你救了我。

奈蒂莉（将杰克·萨利狠狠地推倒在地）：你不用谢我，杀戮不需要感谢。

杰克·萨利：它们袭击我，这不是我的错。

奈蒂莉：你的错！……你不该来这儿，你们所有人！你们只是来制造麻烦的。

杰克·萨利：好吧，行，你爱你森林的朋友们，那为什么不让他们把我杀死？为什么救我？

奈蒂莉：你有一颗坚强的心，无所畏惧。但是你很蠢！像个婴儿一样无知！

觉知者：奈蒂莉为什么会扔掉杰克·萨利的火把，为什么火把被扔掉之后，森林里的植物全都发光了？这是一个隐喻，不是植物在发光，是我们的大脑在发光。我们的“潜意识”里全是盘根错节的电流和光，全是能量，只要我们懂得发掘这些光、利用这些光，我们每个人都可以变成无所不能的勇士。杰克·萨利的勇敢完全是出于本能，是来自潜意识里的能量，那是婴儿时就具备的能量。正如奈蒂莉所说：“你有一颗坚强的心，无所畏惧。”

我们每个人在生下来时都是原生态的勇士，只是活着活着就活成了“盗版”。人在孩提时代都是勇敢的，只是因为在成长的过程中，受环境、经历、家庭教育的影响而逐渐失去勇敢的光芒。

比如，如果孩子在犯错时父母就打骂他，那么孩子就逐渐不敢犯错、不敢冒险，失去尝试和体验的勇气；在人群中大声表达自己的观点遭到排挤，这个人就会逐渐不敢发声；经历的挫折和失败多了，人就会怀疑自己，不敢坚持梦想……

我们每个人心中都有一个“勇士”，只是我们没有去呵护它、唤醒它，让它逐渐陷入了沉睡。

事实上——

挫折、困境并不可怕。电影中，正是面对毒狼的攻击，面对死亡的威胁，杰克·萨利本能中的无畏才被激活的。这和我们现实中的情形非常相似。一个团体、一个家族在和平年代会钩心斗角，互相算计，甚至为了利益斗得你死我活，但在民族危亡的时刻，在团体面对生死存亡的时刻，在家族遇到巨大难关的时刻……组织成员能够瞬间放下自我的得失，变得团结、勇敢，甚至不惜牺牲生命。原因就是，苦难唤醒了爱，唤醒了根植于人灵魂深处的那些美好高尚的情操。生活中有句俗语："人往往在经历了重大打击，甚至走过一次鬼门关后，才能大彻大悟。"内心强大的自己，往往是伴随着逆境和恐惧而出现的。心中无畏的巨人，往往也是在极度恐惧、极度受挫的状态下被唤醒的。

当面对逆境和恐惧时，人有两种应对方式：

一种是逃避和被打倒；

另一种是选择无所畏惧，让逆境激发自己的潜能，使内心变得更强大。

逆境、恐惧，这些并不可怕。因为没有人可以打倒你，除了你自己。

找回内心无畏的真我

恐惧是源于未知。但是那些"未知领域"，又何尝不是我们探索自己、挑战自己、成就自己的契机呢？

幸运之神降临的伟大瞬间，平庸者的一切美德——小心、顺从、谨慎、勤勉都无济于事。命运鄙视地把畏首畏尾的人拒之门外，它只愿意用热烈的双臂把无畏者高高举起。

弱者和无畏者，在面对命运给予自己的机会时，唯一不同的，就是行动。前者会思前想后、左顾右盼；而后者会在第一时间动起来，在行动中去验证自己。自信和勇气都是在行动中建立的。经历成功的事情越多，越发能培养自己的自信和无畏。

弱者被动地接受命运的安排，将自己包裹在蚕茧里，追求自己营造的“假象安全”。无畏者做自己的主人，主动迎接挑战，将命运牢牢地抓在自己的手中。无畏的力量可以改变一切，可以创造奇迹。**找回心中那个无畏的自己，就要改变自己固有的思维模式，从“思前想后”转变到“我要行动”，从“被动”变为“主动”。**

很多人的成就，都是被曾经无能的自己、残酷的社会、曾经伤害自己的人逼出来的。他们没有被挫折打倒，而是主动用无畏的力量去追求自己的梦想！

摘录

- “英勇行为”是人的本能之一，根植于人的潜意识的善念之中！

- 人不是生来就平庸，而是逐渐变得平庸。

- 命运之神降临的伟大瞬间，平庸者的一切美德——小心、顺从、谨慎、勤勉都无济于事。命运鄙视地把畏首畏尾的人拒之门外，它只愿意用热烈的双臂把无畏者高高举起。

I see you

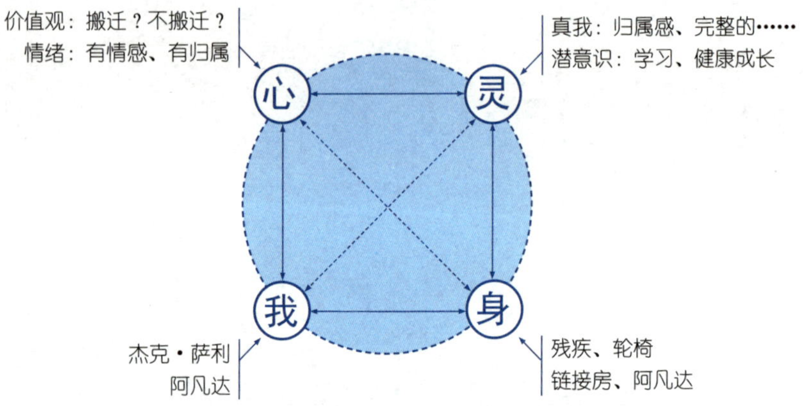

觉知课“我、身、心、灵”结构图（觉知家园）

一切归宿——心灵的家园

与凶恶的毒狼搏斗之后，奈蒂莉让杰克·萨利回去，杰克·萨利却紧跟着她，不肯离去。

杰克·萨利：要是我像个孩子，那你教教我嘛。

奈蒂莉：你们外星人根本不可救药，因为你们不会“用心去看”。没有人“用心去看”。

杰克·萨利：那你教教我怎么看。

奈蒂莉：你回去！

杰克·萨利：我请求你的帮助，让我跟着你吧。

奈蒂莉一次又一次地拒绝。但是这时奇迹发生了，圣树种子有规律地飘向杰克·萨利，在他身上翩翩起舞。被这一幕惊呆了的奈蒂莉，决定将杰克·萨利带回部落。

觉知者：杰克·萨利想跟奈蒂莉回到部落，寓意着杰克·萨利要开始寻找自己内心的归属感——家。为什么圣树种子会选择杰克·萨利，并在他身上显现神迹呢？这里寓意杰克·萨利内心深处勇敢、正义，充满爱和求知欲，他渴望探索自我，渴望心的家园。如果是库里奇那样的人，圣树种子不会显现神迹。

从生命起源至今，“家”是地球上寿命最长的组织。人的精神世界是否感觉满足有赖于内心深层的两种感觉，一种是安全感，另一种是归属感。归属感就是那种漂泊之后回到家的感觉，家里安全、放松、关爱、认同、包容、和谐与温暖。家可以疗养我们的身心，没有担心、恐惧，没有逃离感。家是心灵的归宿，家是温暖的港湾。

回到部落，奈蒂莉向自己的父亲伊图肯打招呼：“I see you。”她的父亲也用“I see you”回应了他。杰克·萨利用地球人的方式与奈蒂莉的父亲打招呼，并试图和他握手，但是被阻止了，他的这一行为遭到所有纳美人的敌视。

伊图肯：这个怪物，为什么把他带到这里来？

奈蒂莉：我本来是要杀死他的，但我看见圣母艾娃在他身上显现神迹。

伊图肯：我下过命令，不准带阿凡达到这里来。这个外星人臭气熏天。

这时，奈蒂莉的母亲莫娅——纳美人的精神领袖过来了，她在听到“杰克·萨利得到了圣树的认可”这一信息后，阻止了其他人对杰克·萨利的敌对行为。

莫娅：你来这里做什么？

杰克·萨利：我想向你们学习。

莫娅：我们也试过教外星人东西，但是他们油盐不进。

杰克·萨利：我这块石头不一样，相信我，我是空杯。

莫娅：那好，女儿，你负责教他，让他学会尊重我们，尊重我们的生活方式。（转向对杰克·萨利说）让我看看你这块石头是否还有救。

这是杰克·萨利第一次来到纳美人的部落，这里的一切都和地球上不一样。这里的人打招呼不用“Hello”，不用握手，他们只说“I see you”；这里的人充满原始的淳朴和热情，他们用一双双好奇的眼睛打量着杰克·萨利，不像地球人的眼神那么空洞和麻木；这里的人没有功利心和占有欲，他们将圣树作为自己的信仰，得到圣树的认可，就等于是拿到了进入这个部落的钥匙；他们用很直接的方式（吼叫、张望及各种肢体语言）表达着自己的感情，表达着自己的喜怒哀乐。

觉知者：电影中，纳美人是按“真我”的方式生活的人，寓意着潘多拉星球是人类的“真我”世界。莫娅让奈蒂莉教杰克·萨利尊重他们，寓意着我们要尊重自己灵魂的声音。杰克·萨利向纳美人学习，寓意他的意识想要探索潜意识。莫娅说“那些外星人油盐不进”，寓意着那些把自己的潜意识关闭了、不愿探索、自以为是的人。寻找真我，我们首先需要有一个“空杯心态”，要主动接受改变，要愿意打开自己的潜意识。这一堂都市身心灵觉知课进行到这里，善意地提醒一下，请清空自己的“杯子”，继续觉知。

家园，它不是一间房子那么简单，也不仅仅只是一片地域。有些人住着豪华的房子，心却飘荡在外；也有些人虽然有故乡、有自己长期生活的地方，却仍然觉得那些都不是自己的归宿；还有的人一生漂泊，一生寻找，只为找一个温暖的地方让自己停留。人们对家园的渴望是如此热切，如同一个婴儿渴望母亲的怀抱。心若没有家园，就算年纪再大，事业再有成就，也始终是个孤独的灵魂。

家是创造爱、学习爱、成为爱的源泉的地方

杰克·萨利跟奈蒂莉学习潘多拉星球的生活方式，他的眼神变得越来越柔和。

他看到一幕幕在地球上不曾看到的和谐、美好的画面：

少女们坐在一起，一边编织，一边唱歌，在他走过时，她们抬头看了看他，然后又低下头工作；

两个男人正在清洁他们刚捕的鱼；

看护婴儿的年轻母亲，敲碎种子放进饭里；

孩子们互相追逐，像猴子一样攀爬；

一个冒失的小女孩跑向杰克·萨利，停下来看了看他，然后跑回她的玩伴身边，尖声笑着……

杰克·萨利探索潜意识的好奇心越来越强烈了。

觉知者： 回顾一下，为什么当圣树种子飘向杰克·萨利时，奈蒂莉才肯带他回家？在电影中，圣树种子寓意看见“真我”的信号，圣树种子飘向杰克·萨利，寓意奈蒂莉看到了杰克·萨

利的“真我”，而每个人的“真我”都是善良、充满爱的。奈蒂莉在杰克·萨利的灵魂中发现了“爱、正义、勇敢”，杰克·萨利也在纳美人的世界感受到了爱。

我们可以给家园的构成列出很多元素：同一地域、同样的生活方式、共同语言、共同文化等。但所有的一切都离不开“爱”这个字。杰克·萨利为什么会在纳美人的部落找到归属感？因为这里充满爱！我们可以给“家园”下一个定义：家是一个创造爱、学习爱、成为爱的源泉的地方。

首先，家是一个创造爱的地方。它要有适合爱的土壤和环境。杰克·萨利为什么在地球上找不到归属感？因为那里没有创造爱的环境，生态环境严重破坏，人人都戴着面具生活，像一具具僵尸，而且弱肉强食，人人都为金钱利益而活，人与人之间缺乏信任……

与之相反，纳美人的世界，是一派和谐美好的景象，人们按照最自然的方式生活；人们互相信任，互相关爱和帮助；绿树成荫，繁花似锦，水流潺潺，高山林立，到处是虫鸣鸟叫，恍若仙境；他们见面会说“I see you”，他们不掩藏自己，他们没有所谓的“面子、隐私”，他们将自己完全袒露给别人，每个人都能看见对方的灵魂，他们用灵魂交流；这里充满能量、充满爱……

关于家创造爱，在现实生活中也可以得到验证：如果父母关系和睦，夫妻恩爱，家里其乐融融，那么孩子就容易性格开朗，内心阳光，长大后更加懂得去爱人，更容易被人爱，更容易幸福；如果父母之间充满敌对和斗争，聚少离多，家中充满否定、自私、责备、防御、暴力，那么孩子也会内心阴郁，不懂爱，缺失爱，成不了爱的源泉。

杰克·萨利被深深地感染了，他开始越来越依恋这个地方，甚至有些流连忘返了。当他从阿凡达回到链接房时，格蕾丝费了好大的劲儿才把他唤醒。

格蕾丝：你入戏太深了。

觉知者：杰克•萨利对纳美人的世界开始流连忘返，说明杰克•萨利开始找到了自己心灵的归宿。杰克•萨利对“奈蒂莉教他学习”如此狂热，寓意着杰克•萨利“学习爱”的愿望很强烈。我们每个人的“真我”都是充满爱的，我们都渴望爱与被爱，只是由于缺乏爱的土壤和环境，或者没有进行过“爱”的学习，不懂如何去给予爱、释放爱、获得爱，于是我们的心陷入了孤独之中。电影中，奈蒂莉教杰克•萨利学习爱的方式是如此简单。她让杰克•萨利看纳美人是如何生活的，她教杰克•萨利像纳美人一样做事情。这寓意着在家园中学习爱，方法很简单——就是做好“爱”的榜样。

我们“学习爱”也大致和电影中类似，孩子会学习父母之间的相处方式，会像父母那样去待人处事。有些父母溺爱孩子，对待伴侣和老人却没有爱。这样的爱是自私的。孩子长大之后不会懂得如何去爱人，也不会因为父母对他宠爱就孝顺父母，因为他没有在家中进行过爱的学习。父母只有爱伴侣、爱父母、爱长辈、爱一切家庭成员，这样孩子才会学习到无私的爱，进而懂得爱人、自爱。

当今人们经常讲“孩子难教育”，事实上孩子是不需要教育的，需要教育的是父母自身。孩子做得不好，那正是由于父母没有做好榜样。因为孩子会自动复制父母的思维模式、行为模式。为什么当今社会剩男剩女越来越多，年轻人离婚率越来越高？一个很大的原因就是父母没有做好创造爱的榜样，没有让孩子接触到“爱”的学习，所以我们不懂如何去爱人和接受别人的爱。

爱是一种能力，爱是一种智慧，爱是一种成长。父母创造爱，孩子学习爱并互动成长，这是家园赋予我们的。学习爱，懂得爱，我们自己就会成为爱的源泉，我们在家中可以摘下面具、释怀隐私、安全放松、开放自由、随心所欲，等等。爱是流动的能量，爱能吸引健康、财富、人脉关系、幸福快乐……生命越来越丰富，我们心灵的家园也会越来越稳固。

守望家园

格蕾丝向杰克·萨利介绍一些纳美族的基本情况。

“这是伊图肯，纳美人的族长。”

“这是莫娅，伊图肯的妻子，她是纳美人精神上的领袖，就像萨满教的巫师。”

“苏泰，下一任的族长；奈蒂莉，下一任的精神领袖。他们是天作之合。”

觉知者：苏泰继承族长之位，奈蒂莉继承精神领袖之位，这寓意着一种文化和爱的传承。在纳美人的世界，一个家族、一个种族靠的就是这种传承。在中国古代也是这样的，父亲教孩子勇敢、正义、诚信等阳刚的那一面，母亲教孩子琴、棋、书、画、柔和等阴性的那一面。等孩子长大后，成立了自己的家庭，再用同样的方式去教育自己的孩子，就这样代代相传。缺少任何一环，家园都会不完整，家中的成员在心灵方面都会有缺陷。

家园是一个健康成长、健全人格的地方，是一个交流思想、分享生命故事的地方，是一个给予和接受拥抱、鼓励与支持的地方。

守望家园，首先要让自己成为爱的源泉。

纳美人爱惜森林和生物，爱惜森林里的一切，对家园树有着至高无上的崇拜和敬畏。而地球人却为了利益，摧毁自己的家园，还想摧毁别人的家园。

在现实中，我们也不难发现类似的现象，很多人将婚姻理解为一种利益关系，而不是因为爱而缔结的灵魂伴侣关系。现代人在择偶时，认为物质条件重于内涵修养，这也是很多人婚姻不幸、感觉“心无所依”的根源。

任何人，离群索居，独自一人，都无法保持健康，无法治愈创伤，无法获得资源、支持和爱，身、心、灵无法茁壮成长。家园对我们来说是如此举足轻重，即便是那些独身主义者，独自生活的人，也需要有一个圈子，需要一个充满爱的家园——这也是对安全感的渴望。

与世隔绝，我们只不过是一粒微小的尘埃，轻易就能被时间湮没。只有身处家园中，满足了人类最原始的安全感，我们的生命才能与家园合一、相互融合，这是家园归属感赋予我们的力量。

摘录

● 为什么圣树种子会选择杰克·萨利，并在他身上显现神迹？这里寓意杰克·萨利内心深处勇敢、正义、充满爱和求知欲，他渴望探索自我，渴望心的家园。

● 人们对家园的渴望是如此热切，如同一个婴儿渴望母亲的怀抱。心若没有家园，就算年纪再大，事业再有成就，也始终是个孤独的灵魂。

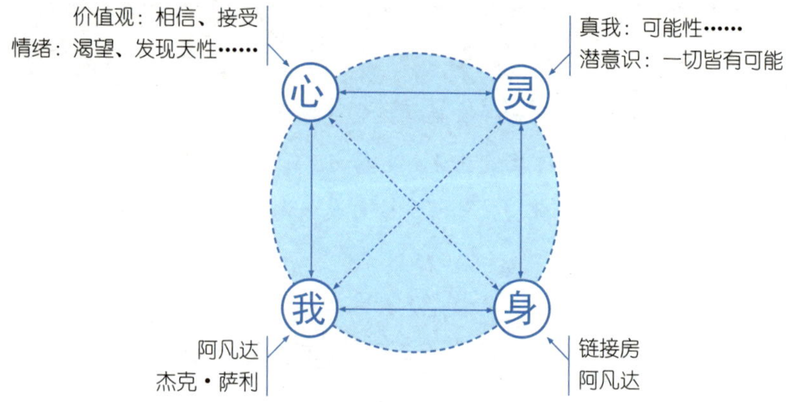

觉知课“我、身、心、灵”结构图（觉知潜能）

潜能，人类唯一的宝藏

潘多拉星球上有许许多多的悬浮山，它们高高地耸立着，仿佛与云层相接。面对大自然的神奇造化，杰克·萨利发出了由衷的赞美和惊叫。

杰克·萨利：是什么把它们托起来的？！

格蕾丝：一种磁力反应，因为超导矿石是一种超导体，或者是别的什么，有人是这么说的，不过不是我。

觉知者：是什么让这些山悬浮起来的？格蕾丝说不清楚，没有人能用科学知识去解释。在本书的开篇，我们已经知道，来到潘多拉星球，寓意着进入我们的潜意识。价值连城的超导矿石，寓意着人的潜能。哈里路亚山周围全是超导矿石，因为能量磁场的作用，哈里路亚山悬浮起来了。因此，我们可以回答杰克·萨利：是潜能让哈里路亚山悬浮起来的！

进入哈里路亚山，寓意进入人的潜能区。地球生态环境遭到严重破坏或将毁灭，以库里奇为首的地球人组织来到潘多拉星球开采超导矿石。这是一个隐喻。真正需要开采的是我们的潜能——潜能才是无价之宝！潜能才是人类唯一的宝藏！

我们可以做一个小实验：

当下，如何让手中的这本书悬浮起来？

知识和经验会告诉你：不可能（认知价值观）。

然而，一旦放下知识和经验马上体验觉知，身心放松、闭上眼睛就可以做到。想象力可以让书在你的潜意识悬浮起来。

永远不要马上做出评判，一切“不可能”都是自我的设限。你强大的潜能超乎你的想象。在潜意识世界里的你往往无所不能。

什么是潜能？简而言之，就是潜意识的能量。它是一种自己不知道别人也不知道的无所不能的力量。

我们来看下图：

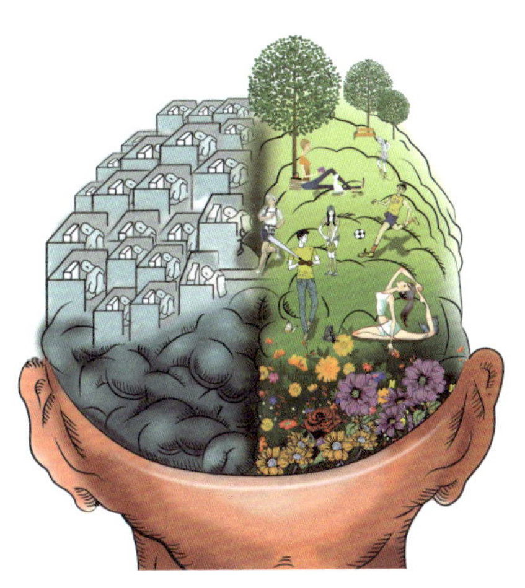

人类的左右脑

我们可以看到：左脑所储存的，多是我们的意识堆积起来的知识、经验、逻辑、数据、推理等，所以左脑（显意识）是理性的；而右脑所储存的，多是我们潜意识中丰富多彩的想象力、梦想、艺术、音乐、爱情等，所以右脑（潜意识）是感性的。

觉知者：发挥潜能，需要发挥觉知的力量。需要从身体修炼到灵性，去感受和体验当下，去使用我们的灵感和创造力。

心灵沟通，就是显意识与潜意识的连接。

当觉知的力量发挥作用时，就能感知到鲜活的生命在当下，潜能和创造力在当下，智慧在当下。此时此刻，逻辑会关闭、评判会停止，认知价值观完全清空，没有过去和未来，这时能遇见通常所说的“空白”（又叫：无量之光、智慧之光、钻石之光、灵性之光等，都是一个意思）。艺术家称之为“灵感”，心理学家称之为“潜能”，哲学家称之为“光”，修行者称之为“智慧”，它是我们发挥潜能和灵性智慧的关键因素。只有保持显意识清空，潜意识才能变得活跃，这时潜能才得以被开发、灵性会成长、智慧会升华。

这是人的思维模式所决定的。几乎所有伟大的“灵感和智慧”都是潜意识创造出来的。伟大诗人李白借酒清空一切逻辑和杂念，所以能创作出千古名篇。同样，贝多芬、徐志摩、金庸、郎朗等天才，也是用同样的方法去创造生命奇迹的。

很多时候，我们的潜能之所以得不到发挥，就是因为我们心中的杂念太多了。想得太多、牵挂太多、计较太多、纠结太多、困惑太多、选择太多。早上睁开眼睛就处在价值判断和选择取舍的内耗中，我们把自己的感知器官的觉知力关闭了，我们“睡”得太深……

很多人不愿意醒来，潜能不愿被开发，拒绝学习、怕被洗脑，其实是抗拒成长。然而，人人都在寻找宝藏，却不知宝藏就在我们的潜意识里。财富、爱情、幸福、健康、快乐，它们都可以在潜意识里找到并得到。

发现你的天性

将你的天性交给宇宙，宇宙将以其自己的方式回馈于你——这是生命的法则、系统的法则。

——杨新明

奈蒂莉教杰克·萨利骑六脚马。

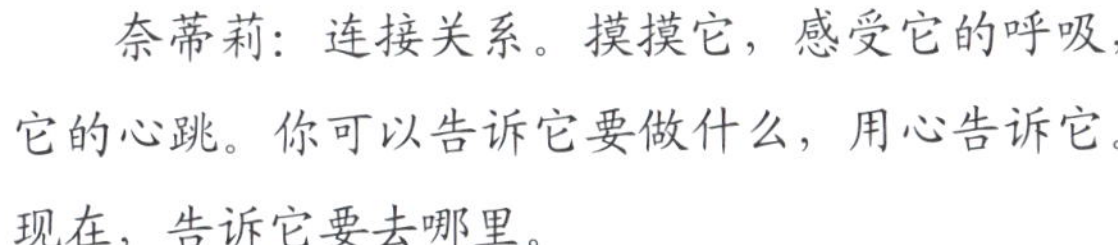

奈蒂莉：连接关系。摸摸它，感受它的呼吸，它的心跳。你可以告诉它要做什么，用心告诉它。现在，告诉它要去哪里。

杰克·萨利骑了上去，但很快就被摔了下来；再骑上去，再被摔下来。

苏泰发出一连串嘲弄的大笑声：“这个笨蛋，一定学不会的。”

觉知者：所谓天性，就是与生俱来的才情和灵性。骑六脚马，寓意学习基本生存技能，培养天性。电影告诉我们，学习任何技能都要用心学习，重复训练。不仅小孩对什么都感兴趣，成年人也会尝试学习各种技能，这些都没关系，都可以击汲取经验，但必须在一定时间内发现自己的天性和擅长的技能是什么，未来事业方向在什么领域。也就是说，对每一项我们最感兴趣的技能用心尝试和体验，一旦发现天性和优势领域，就要专注、坚持、重复去做，做成专家，做到不可替代。

你来到这个世界，总有一件事是你最擅长的，总有一个使命是你要去完成的，只是你还在寻找，但寻找的过程是痛苦的。因此说，迷茫是天性最大的浪费，困惑是潜能最大的内耗。天性的特征是：专注产生灵感，坚持出现概率，重复成为专家。所以，你必须发现自己伟大的“天性”并将其奉献给这个世界。

例如（见下表）：

自然物	天性
树	给人木材、林荫，净化空气
花	散发芳香，点缀世界

生物	天性
蜜蜂	采花酿蜜
公鸡	报鸣，提醒人们起床

续 表

太阳	给予世界阳光和温暖
雨水	灌溉土地，滋养生命
空气	维持生命，支撑呼吸
李白	写诗，抒发情怀
马云	经营电子商务，成就他人梦想
郎朗	弹钢琴，用音乐美化世界

造物主在创造每一个生命时，都会赐给它一项独特的天性。违背自己的天性，很可能辛勤付出却事倍功半，甚至一无所获。一棵树，它再努力也不可能变成一朵花；月亮再拼命也不可能变成太阳。

你的天性，是你能给予这个世界的最好的艺术品。每个人都有属于自己的天性，有人擅长谈判，有人擅长编程，有人擅长领导和支配，有人擅长写作，有人擅长绘画，有人擅长理财，有人擅长手工等。按照自己的天性而活，潜能就能得到最大程度的发挥，也能最大程度地发挥自己的价值，造福这个世界的同时，也会得到这个世界的回馈。例如太阳，它不需要有那么多复杂的念头，它只需要每天早上升起，傍晚落下，就已经绽放生命中最美好的光华。它温暖了世界，也得到了其他生物由衷的赞叹和感激。

将你的天性交给宇宙，宇宙将以其自己的方式回馈于你——这是生命的法则，系统的法则。

我们都听过一段耳熟能详的爱情名言：

于千万年中，于千万人里，
在时间的无涯里，
没有早一步，也没有晚一步，
碰巧遇到了，
遇到了，也没有别的话，
只是轻轻问一句：
哦，你也在这里吗？

这句名言出自中国著名作家张爱玲。但很少有人知道，这句话是张爱玲在9岁时写下的！一个9岁的孩子，就能将成年人才懂的爱情写得如此动人，她靠的显然不是技能，而是天性！

张爱玲从小就表现出惊人的写作天性，她在5岁的时候就已经开始写小说，尽管那时她会写的字不多，但写出来的小说已经具有了非常巧妙的构思和奇特的想象力。

丰富的想象力，正是成就一个作家最重要的天性之一。倘若张爱玲埋没了这个天性，一定要按照社会准则所要求的那样去做个翻译，或者做个教师，她很可能像社会上的芸芸众生一样，辛苦一生却籍籍无名。

杰克·萨利就是这样的一个典型，他骑不好六脚马，却能驾驭伊卡兰，那是他的天性。

每个人都有自己的天性，只是有的人发现得早，有的人发现得晚。

例如张爱玲，在很小的时候就发现了自己的天性。也有的人，在经历了一些辗转、曲折之后才发现自己的天性。例如马云，他做过英语教师，也成立过翻译社，卖过小商品，直到最后逐渐发现自己的天性，才拥有今天的成就。

如何发现自己的天性呢？天性包括两个方面，如下图：

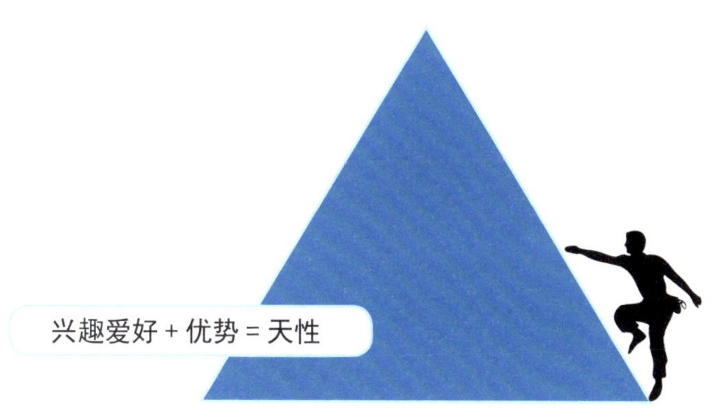

杨新明灵性成长地图 |

天性是开发潜能的源头，谁要是能够为自己与生俱来的天性而活，那他就能由此看见最美好的人生轨迹。

潜意识最恐怖的力量是重复

我已经分不清哪天是哪天了，纳美语很难学，我觉得就像拆卸武器一样，只要重复练习就能掌握。

——电影《阿凡达》

杰克·萨利在视频日记里说："我已经分不清哪天是哪天了，纳美语很难学，我觉得就像学拆卸武器一样，只要重复练习就能掌握。"

画面里，是杰克·萨利和奈蒂莉反复学技能的场景。奈蒂莉站到他旁边，纠正他拿长弓的姿势，大声说着指令，摆正他的姿势。

杰克·萨利：奈蒂莉认为我是笨蛋。

诺曼教杰克·萨利"奈蒂莉"的发音。

杰克·萨利：我的脚越来越硬了，每天我都可以跑得更远。

奈蒂莉从高空跳下，从一片一片的树叶上玩游戏般往下滑落。杰克·萨利也像她一样跳了下去。

（镜头切换）

有一天，奈蒂莉跪在一条供人娱乐的小径上，把沾满泥土的小径指给杰克·萨利看。她触摸着周围的植物，嗅着空气。

杰克·萨利：我正在学习“阅读”小径、水坑旁的痕迹、最细微的气味与声音。

觉知者：潘多拉星球是纳美人的世界，寓意着我们的潜意识。奈蒂莉教杰克·萨利学习的情节，就是杰克·萨利开发潜能的过程。我们可以看到，杰克·萨利在开发潜能的过程中，经历了无数次的强化。每一项训练，都是重复又重复。开发潜能没有捷径可走，需要不断重复强化。因为——专注产生灵感，坚持出现概率，重复成为专家。

潜意识如何进行重复强化训练呢？包括三个方面：身、心和灵。

身体强化训练行为模式。电影中杰克·萨利所说的“我的脚越来越硬了，每天我都可以跑得更远”，就是对身体的强化。例如有的人闹钟一响就起床，身体与神经系统重复接受相同的指令训练，一生都会保持这个习惯。

心强化训练思维模式。我们的思维是有惯性的，就是积极与消极的区别，心里会有评判和对话。闹钟响时，消极的人会想“这么冷，再睡会儿吧”。若把自己的思维训练成拖延的模式，遇到任何事情都有找不完的借口。积极的人和积极的思维会想到事业与梦想。

灵魂的强化，是训练成坚不可摧的信念系统。信念系统建立起来的人，根本不需要闹钟，正如我原创的格言“每天唤醒我的不是闹钟，是梦想”。没有信念的人，闹钟是用来告诉自己还能睡多久的，因为不知道起床做什么。信念系统的建立是潜意识中经过无数次的重复强化而形成的。即便是在早上起床这件小事上，“坚持到底”的信念也能建立起人与人之间的差距。

潜意识最恐怖的力量是重复。所以我们要重复训练正确的行为系统、正向的思维系统和正念的信念系统。

潜意识之光

潜意识里都是“光”，潘多拉星球上的所有生物和植物都是光的元素，所以纳美人开心或愤怒时脸上会变色，这都是“光”的作用。在觉知身心合一的状态下进入潜意识，“光”才会出现，人才会觉醒，智慧才会闪烁。

强化训练最简单有效的方法就是明确事业和梦想，并在潜意识里持续出现清晰的画面。一切杂念都化为一个“念”——事业与梦想，一切为梦想让路。

前面，我们讲到了天性，现在，我们可以在这个公式之后再加上一部分，如下图：

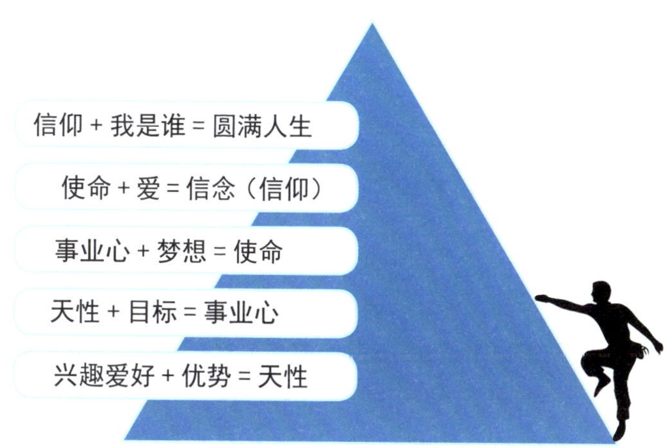

杨新明灵性成长地图 II

我们都渴望成就自己的精彩人生。天性加上目标，就等于是我们通常所说的“事业心”。一个拥有强烈“事业心”的人，会用信念系统去实现自己的事业和梦想，这种信念就会极大地激活潜能，重复训练自己的职业化素养。这种训练最简单有效的方法是使用“咒语”：

把职业当事业！
把使命当生命！
把梦想当信仰！

如下表：

我	身	心	灵
你	把职业当事业	把使命当生命	把梦想当信仰

将这三句“咒语”每天重复几遍，坚持几年，刻在你的潜意识中，你的人生一定会发生质的改变！在后面的章节中，我将引导你明确自己的人生目标，找到属于自己的事业方向，建立自己的使命感，进而找到人生的真正意义，成就自己的圆满人生。

让我们继续向前探索吧！

摘录

● 造物主在创造每一个生命时，都会赐给它一项独特的天性。违背自己的天性，你很可能辛勤付出却事倍功半，甚至一无所获。一棵树，它再努力也不可能变成一朵花；月亮再拼命也不可能变成太阳。

● 潜意识里都是“光”，潘多拉星球上的所有生物和植物都是光的元素，所以纳美人开心或愤怒时脸上会变色，这都是“光”的作用。在觉知当下身心合一的状态下进入潜意识，“光”才会出现，人才会觉醒，智慧才会闪烁。

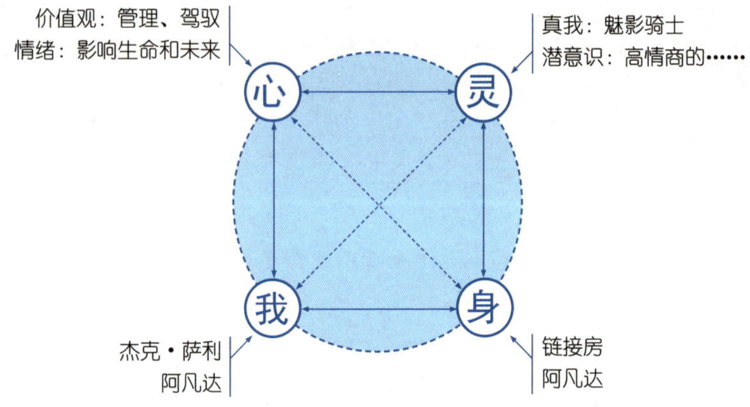

觉知课“我、身、心、灵”结构图（觉知情绪）

学会驾驭情绪是一生的财富

奈蒂莉：伊卡兰不是马。在第一次缔结关系完成后，伊卡兰这一生都只跟随一个猎手。要成为一个猎手，你必须选择你自己的依卡兰，它也必须选择你。

——电影《阿凡达》

杰克·萨利在探寻真我的路上继续前进着，在奈蒂莉的帮助下，他的潜能一步步被开发出来。

一天，在森林里，一只类似鸟一样的动物飞来。

奈蒂莉轻柔地把自己的辫子和它的触角连接起来。

它哆嗦了一下，展开了它巨大的翅膀。

奈蒂莉：这是伊卡兰，它不是六脚马。在第一次缔结关系完成后，伊卡兰这一生都只跟随一个猎手。要成为一个猎手，你必须选择你自己的伊卡兰，它也必须选择你。

杰克·萨利：啥时候？

奈蒂莉：当你准备好了。

觉知者：影片中，伊卡兰寓意情绪。驾驭伊卡兰，就是驾驭自己的情绪。要成为一个强者，学会驾驭情绪是必经之路。人一生都处在与情绪博弈的过程中，这个过程就是生命的过程，情绪直接影响人的生活质量与生命质量。能驾驭情绪，你就是自己生命的主人。能驾驭情绪就生在天堂，你就是天使；被情绪驾驭就活在地狱，自己就成了魔鬼。

“伊卡兰这一生只跟随一个猎手”，寓意每个人都有自己独特的情绪管理方式，管理情绪是自己分内的事，需要依靠自我觉知的力量，别人替代不了。

奈蒂莉说“当你准备好了”，到底准备好什么呢？准备好改变习惯，准备好看人优点，准备好控制情绪，准备好接受现实，准备好脱胎换骨，准备好承担责任，准备好转换信念……

这一切使你无时无刻不在问自己：我都准备好了吗？

人是活在七情六欲之中的，每天都会有各种各样的情绪反应。你不去掌控情绪，情绪就会来掌控你。

情绪常常在不经意中发生。有时被一首歌触动了，喜悦的情绪溢满你的心间，无比压抑的情绪被释怀，瞬间顿悟生活的美好和生命的精彩；某一刻被一句话激怒了，瞬间脸红脖子粗，连话都说不连贯，这种情绪的发生，往往不受自己的逻辑控制，但发生之后若不加以控制，可能会造成严重的后果。消极的情绪长时间得不到疏导，会让人郁郁寡欢，身心健康严重受损。

驾驭情绪的过程，也就是从情绪到情商的训练过程。如何培养高情商呢？杰克·萨利为我们提供了很好的榜样。

我们可以将杰克·萨利的情商训练归纳为五大阶梯，如下图：

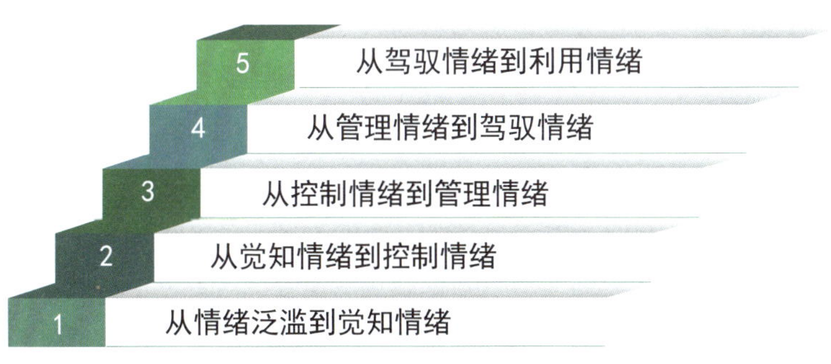

杰克·萨利的情商训练五大阶梯

这个过程就是从成长到成熟的过程，也是从生活质量到生命质量升华的过程。

从情绪泛滥到觉知情绪

杰克·萨利第一次接触伊卡兰时，电影中出现了一个伊卡兰的眼睛特写：它以一种非常敌视的眼神怒视着杰克·萨利。

奈蒂莉大叫：“不要看它的眼睛。”

（镜头切换）

伊卡兰的栖息地。

苏泰：杰克先来。

他看着杰克·萨利得意地笑了，并用一种挑战的眼神看着杰克·萨利。另外两个年轻的骑手很害怕，但是他们努力让自己看起来坚强一些。

奈蒂莉对杰克·萨利耳语：现在你要选择你自己的伊卡兰。你必须感觉到自己的内心。如果它选择了你，动作要快，就像我演示过的。你只有一次机会。

杰克·萨利：我怎么知道它选择了我？

奈蒂莉：它会试图杀死你。

杰克·萨利对着伊卡兰发出一声狂吼，伊卡兰也用同样的吼叫声回应了他。

觉知者：在尚未进行情绪管理时，人的情绪都是泛滥的。这个时候，人是觉知不到自己的不良情绪的。倘若被他人指出来，还会充满敌意。例如，当听到别人对自己说“你这个人脾气真暴躁啊”，我们的第一反应通常是生气或者愤怒。我们不愿意承认。就像电影中的伊卡兰那样，一开始看着它的眼睛时，它充满敌意。我们常常会回避自己的不良情绪，不愿意承认它的存在。因此，驾驭情绪，首先需要我们觉知情绪，觉知到情绪的存在，这是第一步。电影中，杰克·萨利对着伊卡兰发出一声狂吼，伊卡兰也用同样的吼叫声回应了他。这正是寓意着杰克·萨利已经开始觉知情绪存在的必然性。他选择面对自己情绪的挑战。

此刻，你的情绪如何？是欢乐、愤怒、低落、消沉或是平静、安宁？还是你从来都没有去觉知、关注过自己的情绪？也许你看到阳光普照而感觉振奋，也许你看到阴雨连绵而感到低落，也许你正在恋爱中，时刻心花怒放着，也许你失恋了，感到悲伤且阴晴不定……你看，我们每时每刻都处于各种情绪波动之中。它组成了我们丰富多彩的生命，这些情绪，为我们的生活添上了绚丽的色彩。如果人对一切事情的发生都失去情绪反应，那么人生会是多么无趣和悲摧！所以，不要抗拒情绪，所有的问题都不在情绪本身。驾驭情绪，第一步就是觉知它，接纳它，正视它。

从觉知情绪到控制情绪

杰克·萨利：我们来跳舞吧。

那只被挑战的伊卡兰发出了嘶嘶声，跳向他，张着大嘴。

杰克·萨利挥舞着那条绳子，做着假动作。然后突然闪向一边，躲过伊卡兰的大嘴，用绳子快速套住它的头部。它尖叫着，用尖利的爪子划杰克·萨利，杰克·萨利再次躲过，并抱住了它的脖子。

杰克·萨利试图用辫子进行连接时，却失败了。他被伊卡兰摔到地上。

奈蒂莉倒吸了一口气。苏泰大笑着，嘲弄着。

觉知者：这个精彩的情节，就是杰克·萨利试图去控制情绪的过程。很显然，杰克·萨利的控制并没有成功。杰克·萨利试图强行征服伊卡兰，这寓意我们在有意识压抑自己的情绪。杰克·萨利与伊卡兰的搏斗，寓意我们与自己的情绪对抗。所以第一轮杰克·萨利失败了。生活中我们经常听到一个词叫“包容”，我不主张包容，因为包容从本质上讲还是一种压抑。情绪不能压抑，只能去接受。

不要试图去压抑，压抑的情绪迟早会像火山一样爆发。我们不可以选择性地去掉一些情绪，没有人可以做到完全不生气或者不难过。当我们压抑情绪时，其他感觉器官也被压抑，也就压抑了我们感觉爱与接受爱的能力。记住二元定律的客观性，情绪的积极与消极是整体存在的，就好像没有经历过悲伤的洗礼，又怎能体会极致的快乐；经历过深深的痛苦，换来的一定是深切的幸福。

不要试图去跟情绪对抗，你的对抗只会遭到它的反击，情绪不会因为你的对抗而消失。明白了这一点，我们就会明白，情绪没有好坏之分。无论是积极的情绪还是消极的情绪，都是生命的馈赠，我们要去接受它，平衡它。快乐时，我们享受快乐；悲伤时，我们接受悲伤，然后去觉知悲伤与快乐，让生命充实和丰富。

从控制情绪到管理情绪

奈蒂莉冲着杰克·萨利大叫：连接关系，快连接关系，心灵沟通。

杰克·萨利爬上了伊卡兰的背，用辫子进行连接。他成功了。伊卡兰停止了乱动，瞳孔放大。

杰克·萨利：这就对了！你是我的。

奈蒂莉：一次飞行，终身相伴，你不能等了。

杰克·萨利感受到了飞翔的力量。他抓住伊卡兰的一根触角，然后一飞冲天。

觉知者：连接关系，心灵沟通，寓意着与情绪觉知沟通，寓意着管理情绪，管理就是沟通，沟通就是管理。消极的情绪就像堵塞的沟渠，要去觉知它，疏通它。当你和它建立了正确的连接，你能正确地觉知它时，也就能控制它了。

管理情绪，主要是自我的沟通。情绪就是情绪，当有情绪时，最好静下来，觉知情绪的存在。不先去觉知就与他人沟通，很可能变成争吵或发泄，会造成负面情绪的不断扩大，影响自己的人际关系，不会有任何建设性的意义。生活中的很多悲剧，都是这样造成的。比如妻子只是因为想要丈夫多陪伴自己，她真正想对丈夫说的话是

“我想你”，可是由于带着低落的情绪又沟通不当，最后说出来的话就成了“XXX 的丈夫都比你好”“我嫁给你倒霉透了”，本来温情的相聚变成了争吵甚至冷战。

如何管理自己的情绪，如何自我沟通、跟自己和解呢？我这里有非常启发性的沟通问句：

1. 这件事的发生对我有什么好处呢？

2. 假如我是佛陀，会怎么想、怎么做？

例如，工作中出现失误时，我们会沮丧，会情绪低落。此时自我沟通要用有启发性的问句：

1. 我伤心难过，对解决问题有什么帮助吗？

2. 这个事情会有更好的转机吗？

显然，答案和思路就在问句里。

很多时候，我们都可以运用类似的方法。凡事都像这样想一想，我们就不会任由自己的情绪泛滥了。

从管理情绪到驾驭情绪

伊卡兰像一支离弦的箭，冲天而起。

杰克·萨利：别闹了，把你那鸟嘴闭上！

它照做了。

杰克·萨利：平稳飞！直着飞！

它稳稳地飞着。杰克·萨利歪着脑袋，只是想着“左转”，伊卡兰就照做了。他让伊卡兰以一个能让他好调整呼吸的平稳姿势飞行着。他在心里默默地对伊卡兰发出各种指示和要求，令他惊喜的是，伊卡兰全都照做了。

杰克·萨利终于成为情绪的主人了，他能完全掌控他的伊卡兰了。他掌控伊卡兰的方式，是对它发出指令并付诸行动，这是控制情绪最为有效的方法。

暴怒的时候，理性会告诉你，这样是不对的，但你依然暴怒，暴怒的情绪不会因为你在理智上否定它而有任何减弱。但当静心觉知，让自己“安静下来”，并立即做点什么，例如呼吸放松、听茶闻乐、游泳跑步，那么，愤怒的情绪很快就可以得到安抚。动起来，是驾驭情绪最快也最有效的方法。

你能觉知到不必要的消极情绪，用积极的情绪转换消极情绪，一个有效的方法就是使用自我暗示，就像杰克·萨利暗示伊卡兰那样。

从驾驭情绪到利用情绪

杰克·萨利与奈蒂莉骑着伊卡兰飞过被丛林所覆盖的山脊，奈蒂莉正在教他如何在伊卡兰背上捕猎。突然，一片巨大的阴影笼罩住了他，奈蒂莉大叫着警告他。

杰克·萨利抬头，看见一只和伊卡兰有点像的飞禽猛地俯冲下来，它的体积是伊卡兰的好几倍大，看上去更加美丽威武。

这就是魅影。杰克·萨利和奈蒂莉费了好大的劲儿，才摆脱它的攻击。

奈蒂莉：魅影，我的先祖托鲁克曾经是魅影骑士——魅影选中了他。这在部落的历史上只发生过五次。魅影骑士很有影响力——巨大灾难来临时，他将各族同胞凝聚在一起，共渡难关。所有的纳美人都知道这个故事。

杰克·萨利深深地看了魅影一眼，他自言自语地说："看见它就是终点。"

觉知者： 比伊卡兰体积更大、更威武的魅影，是伊卡兰的近亲，寓意着高情商。魅即魅力；影即影响力。人在训练情商的过程中要付出痛苦的历练，才能修炼出人格魅力和影响力。但是，固有的思维模式会时不时跳出来阻碍我们，这也是为什么一开始魅影会攻击伊卡兰的原因。只有当我们的情商修炼得越来越高的时候，我们才能真正让所有的情绪（包括负面情绪）为我们所用。一个有人格魅力和影响力的人，不仅能管理和利用自己的情绪，还可以管理和利用他人的情绪去成就一番伟业。这就是“魅影骑士”的精神，这就是我们一直想成为的“精神领袖”。

杰克·萨利说“看见它就是终点”，终点就是情商的最高境界——“精神领袖”，它是我们灵性生命的升华，灵性成长的终点。随着杰克·萨利的潜能逐步释放，他的灵性也在不断成长，电影开始进入纯粹灵性探索的部分。

电影的最后，杰克·萨利终于可以驾驭魅影了，成为纳美人的精神领袖。

在通往幸福快乐的人生路上，情商比智商更重要，性商比情商更重要，灵商比性商更重要。所以我们要学会驾驭情绪，提高情商，修炼灵性，升华生命，成为无量无极的“魅影骑士”，成为自己的精神领袖！

摘录

● “伊卡兰这一生只跟随一个猎手”，寓意每个人都有自己独特的情绪管理方式，管理情绪是自己分内的事，需要依靠自我觉知的力量，别人替代不了。

● 学会驾驭情绪，提高情商，修炼灵性，升华生命，成为无量无极的“魅影骑士”，成为自己的精神领袖！

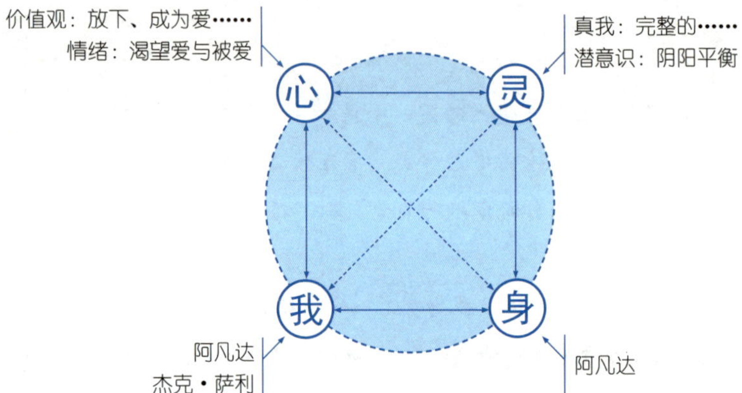

觉知课“我、身、心、灵”结构图（觉知真爱）

爱是宇宙能量

生命，只有鲜活地活在爱中，否则，你的源泉就会枯竭。

——杨新明

杰克·萨利完成仪式成为纳美人后，奈蒂莉带他来到了“灵魂树”前，她说这是“心语之树”“声音之树”，可以听到古老祖先的声音，它们跟艾娃同在。

奈蒂莉：你现在是纳美人的一员，你可以用灵魂树的木材做一把你自己的弓箭。你还可以选一个女人。我们有好多女人，妮娜唱歌最好听。

杰克·萨利：我不想要妮娜。

奈蒂莉：贝蕾很会打猎。

杰克·萨利：对，她是一个很优秀的猎人。

奈蒂莉很急切地扭头看向杰克·萨利，眼中充满失望。

杰克·萨利（深情地看着奈蒂莉）：我已经选好了，但是她也得选择我才行。

奈蒂莉：她已经选好了。

他们拥吻，将彼此的发梢连接在一起，在艾娃的见证下结合。

奈蒂莉：杰克，我们在一起了，我们永远不分离。

觉知者：杰克·萨利成为纳美人，寓意杰克·萨利已经在向“真我”无限靠近，他的灵性在觉醒。爱是我们灵魂深处的能量，所以电影进行到这里，杰克·萨利心中的爱被唤醒了。“灵魂树”寓意纳美人爱的信仰。杰克·萨利和奈蒂莉将彼此的辫子连接在一起，感受呼吸、感受心跳，寓意着灵魂的连接。

爱是宇宙的能量，宇宙在诞生之初，就赋予了生命体之间互相需要、互相给予的关系，万物都处于这样一个能量网之中。例如，江河需要雨水，树木需要阳光。男人需要女人，女人也需要男人。每一个生命体，都将自己的爱施予其他的生命体，也得到其他生命体的爱。正是这种和谐无私，构成了宇宙之爱。

杰克·萨利和奈蒂莉的结合，对于杰克·萨利来说是找到自己阴性能量的源泉，是阴阳平衡的互补。电影中的奈蒂莉，既是杰克·萨利的伴侣，又寓意着杰克·萨利自己内心阴性能量的那一面。杰克·萨利缺乏阴性的能量，奈蒂莉给予了他补充，所以杰克·萨利的灵魂人格变得更和谐、健全和完整了。

我们不能拒绝爱，回避爱。否则，我们将看不清自己，永远找不到自己的“真爱”，人生也将不会完整，不会有真正的幸福。同时，我们也不能吝啬给予爱，因为若没有能量给予出去，就不会有能量回到我们自己身上来。

爱是人内心深处最真的需要，没有什么比爱更能滋养心灵。爱，是我们做很多事情的理由。爱如此美好，它能治愈一切伤痛，它能平复一切恐惧，它能和谐一切关系，它让生活充满希望，它让世界充满色彩。在电影中，我们可以处处感受到爱的美好。

一个人心中若没有爱，奋斗将变得毫无意义。成就若无人分享，一样是无尽的孤独和凄凉。失去爱的能力，生命将失去一切意义。所以，爱是一切的解释，爱是宇宙流动的能量。

在今天的社会中，许多人却不敢去爱，对“爱”感到恐惧，想要去逃离和抗拒它。有一种叫“爱无能”的新的病症，在男女之中蔓延，导致大龄未娶未嫁的男女越来越多。已婚男女，随着最初的激情消退，习惯了用“恨”的思维去替代“爱”的思维。这就是为什么一段感情开始很美好，结束时却痛苦不堪的原因。

爱本身是美好的，一切的悲剧，都不是“爱”的悲剧。如果爱伤害了你，那是因为你还没有理解爱。

宇宙之爱——成为爱的源泉

如果你试图以爱的名义控制别人，你将失去最后的爱。让爱驻留在你生命中的唯一方式是自己成为爱的源泉。

——杨新明

杰克·萨利：要用文字将纳美人与森林间紧密的关系表达出来很难。他们认为有一张网将所有的生物连接在一起，供能量穿行。他们知道所有的能量都是借来的，总有一天你要将它还回去。

镜头俯视：一个树洞里，一个因生命衰老而死亡的纳美女人躺在里面，弯曲着身体，就像一个还未出生的婴儿躺在大地的子宫里。

莫娅背诵了一篇祷文，奈蒂莉作为助手，将一个木精灵——圣树的种子，放在了她身上。接着，土地将镜头覆盖。

觉知者：这是在杰克·萨利成为纳美人之前出现的一个画面。我们可以看到，大地之母滋养着我们，它给我们食物、水分、空气，它孕育着我们的生命，当我们生命结束的时候，我们要重新回归大地，去滋养大地。这就是能量的流动（佛家叫轮回，物理学家叫物质转换和能量守恒定律），正如奈蒂莉所说的：所有的能量都是借来的，总有一天你要将它还回去。能量在两极之间流动，从阳性的一极流向阴性的一极，或是从主动的一极流向被动的一极。为了让能量流动起来，需要一个给予者和一个接受者，就是爱与被爱的关系。当能量被接受时，接受者变成了给予者。这种流动使能量持续转换，就是宇宙之爱的进化，就是生命的法则，这就是能量守恒定律。

爱是能量的流动，爱是生命的平衡系统。

爱和控制是互相排斥的。生活中的很多悲剧，都是因为将“控制”等同于“爱”，想要用爱去控制对方而导致的。就好像父母很爱孩子，但要求孩子一切听父母的安排；妻子爱丈夫，但要服从她的安排。这种有条件的爱往往导致孩子和丈夫的叛逆和逃避。如果你试图以爱的名义控制别人，你将失去一切爱。爱意味着无私给予和接受，让爱驻留在你生命中的唯一方式是——自己成为爱的源泉。你无条件地去爱，只是按照你本来的样子爱自己、接纳自己，而你同样也用无条件的方式去爱和接纳别人，把爱传出去。

我们无法控制任何事情，当你想去控制爱时，爱就会离你远去。我们都要学习爱的能力，放下控制。我们要学习放手，学习与生命和爱共处——既不抗拒它，也不执着于它。当我们在爱中紧张、想要控制时，这正是恐惧在作怪，我们害怕自己被抛弃，害怕失去爱。

唯一真实有效的爱，是不带任何条件的。

恐惧因爱而消失

奈蒂莉：我看见你了，杰克。本来我很害怕，担心我的族人。现在，我不再害怕了。

——电影《阿凡达》

爱是力量，激励着我们奋进。没有什么比爱所产生的激情更能让人充满勇气和力量，每一个心中有爱的男人都是最伟大的勇士，每一个心中有爱的女人都是最善良的天使。爱能让胆小的人不再恐惧，同时也让绝望之中的人充满希望。

比如，一个充满消极、恐惧、自私的人，试着去帮助弱者或需要帮助的人，当对方给予感激时，自身就会充满爱、充满力量。

爱能消除恐惧，带给人希望和力量，让人无所畏惧。

杰克·萨利从一个双腿残疾、看不到希望的废人，最后成为纳美人的精神领袖，靠的正是爱的力量。就像他在电影中所说："我爱上了这块土地，爱上了这里的人，爱上了你。"爱让他成为一个精神无比强大的人，一个真正的勇士；让他在绝望中敢于希望，敢于向不可能的事物挑战（弓箭战胜现代化的武器），最终创造奇迹，获得重生。

在电影的后半部分，库里奇的轰炸不断升级，纳美人陷入绝望之中。杰克·萨利驾驭魅影来了，奈蒂莉激动地说："我看见你了，杰克。本来我很害怕，担心我的族人。现在，我不再害怕了。"

人的情绪光谱可以分为两个最基本的要素：爱和恐惧。愤怒、憎恨和报复是恐惧的表现，罪恶、尴尬、耻辱、后悔、嫉妒和悲伤也是恐惧的表现。这些都是频率较低的能量。爱是宇宙能量最高的频率，它产生乐观、光芒、力量、轻松和喜悦，爱就是一切。

唤醒心中爱的力量，你将拥有一切力量！

爱的递进公式

唤醒爱，成为爱的递进公式，如下图：

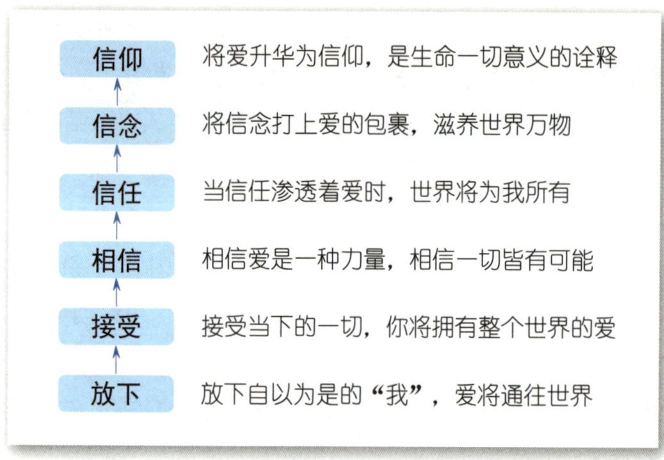

杨新明灵性成长地图Ⅲ

爱的第一步，就是放下认知价值观和自以为是的固执的“我”。 生活中很多“爱”的悲剧，诸如相亲失败、因爱生恨、夫妻不和、父母子女代沟、同事之间互相拆台……都是因为没有放下那个自以为是的“我”而导致的。例如丈夫喜欢做研究，妻子却认为他应该多社交，如果妻子一定要把自己的价值观强加给丈夫，那么这对夫妻将会面临永无止境的争吵，爱的源泉很快就会枯竭。

这几年有一档很红火的大型生活服务类节目《非诚勿扰》，当男嘉宾上台时，很多女嘉宾会在看到他的第一眼之后迅速灭灯，或者在接下来看到男嘉宾的个人资料后选择灭灯。

“灭灯”这个行为，就是因为人们被过去那套自以为是的价值观绑架了。很多嘉宾都是带着“前任”来相亲，带着之前的认知价值观来找对象。比如有一期《非诚勿扰》节目，男嘉宾扮演思想者蹲着出场，有一位女嘉宾第一时间就灭灯，她说：“一般以特殊造型出场的男嘉宾，都死得很难看。”这就是典型的自以为是。结果男嘉宾解释自己的眼睛在一次打球时被人意外伤了，造成眼睛残疾，考虑对方家境问题，男嘉宾主动放弃法律诉讼赔偿的权利，自己默默忍受承担了。因为怕视力不好踩空台阶摔倒，才蹲着出场。那位“灭灯”的女嘉宾被感动得当场道歉。

生活中很多时候，因为放不下“自以为是”的认知价值观，在首次认识和没有深度交流的情况下，就把对方给否决了，同时也否决了自己。放下自以为是的“我”，爱将通往世界。

爱的第二步，是接受。接受别人，也接受自己，接受事物的本来面目。接受是放下“我”的递进，只有放下才能去接受一切。当我们对事物的“好坏、美丑、对错”不评判时，我们就会在心中接受它。接受当下发生的一切，你将拥有整个世界。

爱的第三步是相信。自以为是的价值取向决定了人是否愿意相信。现实生活中真爱难寻，还有一个最大的问题就是人心中的负能量太多了，不敢去相信爱，不愿去相信爱。因此，要相信，就需要我们清除错误的价值判断，让自己心中充满正能量。相信是一股神奇的力量。我们只有相信爱，才会得到爱。

比相信更深层次的是信任，这是第四步。信任自己，也信任他人。我们只有学会信任，才会看见自己的灵魂；同时对他人信任，就会看见对方的灵魂，彼此用潜意识深层次地连接沟通时，才能成为灵魂伴侣、知心朋友。

第五步是信念。我们要建立爱的信念：只有鲜活地活在爱中，生命的信念系统才会呈现一切光芒。作恶多端的黑社会势力和贪官污吏也有信念系统，因为缺爱的能量所以终将邪不胜正。无条件地相信爱、付出爱，相信给出的能量最终会回到我们身上。我们不知道它如何回来，但我们知道一旦有回报就是好报、福报。

第六步，将爱升华为信仰。在信仰的世界里，是没有恐惧、没有痛苦的。诗人但丁在年轻时爱上了一个未成年少女，自此魂牵梦萦。他等着这个女孩长大，不料女孩却病逝了。但丁终身未娶，对这个女孩的一段单恋，成为他此后创作的全部精神养料。他在诗中深深怀念着这个女孩，歌颂着爱情的美好。他一生对此甘之如饴，没有痛苦，亦没有恐惧，视爱如信仰。

爱一旦被承认，就会上升为精神信仰。

摘录

● 爱是人内心深处最真的需要，没有什么比爱更能滋养心灵。爱，是我们做很多事情的理由。

● 失去爱的能力，生命将失去一切意义。所以，爱是一切的解释，爱是宇宙流动的能量。

● 爱是力量，激励着我们奋进。没有什么比爱所产生的激情更能让人充满勇气和力量，每一个心中有爱的男人都是最伟大的勇士；每一个心中有爱的女人都是最善良的天使。

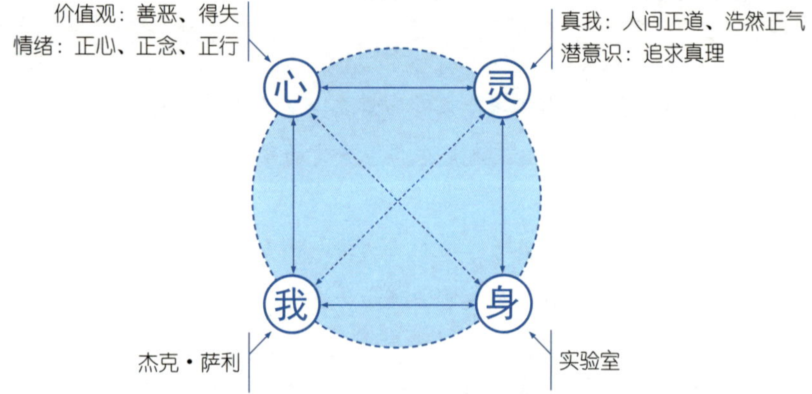

觉知课“我、身、心、灵”结构图（觉知价值观）

一切关系的冲突都来自价值观的博弈

一切都颠倒了，好像潘多拉才是真实的世界，而过去只是一场梦。

——电影《阿凡达》

杰克·萨利和奈蒂莉在灵魂树下结合的第二天清晨，库里奇的推土机就来了。

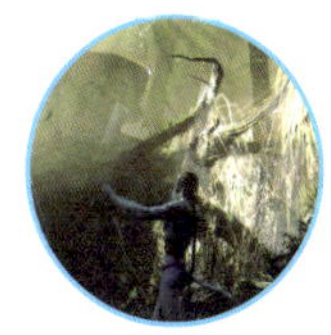

我们看到，树木一片一片地倒下。

奈蒂莉焦急地呼唤着杰克·萨利。

杰克·萨利在被格蕾丝逼着吃完早餐后，才迫不及待地链接上阿凡达。

杰克·萨利朝推土机大声地疾呼："停下！

停下！”

觉知者： 推土机来了，从这里开始，杰克·萨利进入到价值观抉择的关键时刻。电影中一切的冲突，都是价值观的博弈。以库里奇为首的组织想要占领纳美人的家园，是因为他们奉行“弱肉强食”的价值观。杰克·萨利、格蕾丝、诺曼不认可他们的价值准则，所以才有电影后面的冲突和战争。杰克·萨利曾经也追随地球人组织的那一套价值取向，但是慢慢地，他觉知到了什么是真、善、美，他的认知价值观发生了转变。所以电影中的战争开始了，既寓意着两种价值观的冲突，也寓意着杰克·萨利认知价值观与灵性价值观的纠结和斗争。战争，寓意信念的内耗。一切的纠结，一切的内耗，根源都是价值观！

事实上，杰克·萨利价值观的转变，从他开发潜能训练结束时就已经开始转变了。我们回顾一下：奈蒂莉讲完魅影骑士的故事之后，杰克·萨利的心陷入了矛盾之中。镜头中，杰克·萨利自言自语：**“一切都颠倒了，好像潘多拉才是真实的世界，而过去只是一场梦。很难相信时间只过去三个月，我已经快要记不起以前的生活了，我快要不知道自己是谁了。”** 库里奇看出了他内心的变化，想要终止计划，想直接发动战争，并告诉杰克·萨利现在就可以送他回地球，回去医好他的腿。杰克·萨利拒绝了。

觉知者：杰克·萨利价值观的真正转变，发生在开发潜能、控制情绪之后。他开始去探索自己到底是“谁”，开始去寻找生命真正的意义了。我们被认知价值观教育绑架得太久，如果显意识不与潜意识连接，不去挖掘潜能，“真我”就不会出现，就会一辈子活在认知价值观中，一辈子都找不到自己，看不见自己。

认知价值观是社会学产物，也是最容易受到社会环境和他人影响的。今天的我们，生活在一个多元价值观激烈碰撞的年代。我们一点一滴地被这个社会染缸所浸染，盲目追随，价值观体系混乱了，今天坚持一个理念，明天就去推翻它，不知何去何从，分不清自己到底想要什么。

我们就这样迷失了自己，已经不知道生命的意义何在，看不清到底什么才是我们所渴望的满足和幸福。我们的心成了一片荒漠。

认知价值观和灵性价值观

纳美人不会放弃的，他们不会谈条件的。他们要什么？啤酒？

牛仔裤？我们没有他们想要的东西。

——电影《阿凡达》

杰克·萨利试图阻止推土机，但是无效，帕克命令下属继续前进。

望着破败的森林和相继倒下的树木，奈蒂莉伤心地哭泣起来。

杰克·萨利和奈蒂莉回到部落。

部落里，大家正在商量对策。奈蒂莉的父亲准备让苏泰带领大家参加战斗，给地球人以狠狠打击。

杰克·萨利：兄弟，安静。你这样会害死很多人的。我有话要对大家说。

苏泰：你和她（奈蒂莉）结合了。

奈蒂莉：我们在艾娃女神的见证下结合了，这已是事实。

苏泰：你不是我的兄弟。

苏泰将杰克·萨利打倒在地……

杰克·萨利：可我也不是你的敌人。我们的敌人在那里（手指向推土机），他们很强大。我是纳美人的一分子，我有说话的权力。大家听着，我有一件事要跟大家说，这件事一直是压在我心中的一块石头……

帕克和库里奇看到了杰克·萨利破坏推土机的画面。怒气冲冲的库里奇关掉了阿凡达的链接，杰克·萨利倒了下去。

觉知者：杰克·萨利开始称地球人为“敌人”，说自己是纳美人的一分子。这寓意着杰克·萨利的价值观在转变，他的灵性价值观被唤醒了。

我们从外界吸收的知识和经验，都是认知价值观呈现在显意识里的评判标准、价值取向和行为准则。**在我们的灵魂深处，还有一种价值观称之为——灵性价值观，那是我们的生命内核。**灵性价值观是我们内心真正的渴求，真正认可和需要的东西，包括梦想、爱、和谐以及一切真、善、美的东西。

电影中纳美人和地球人的战斗，寓意我们内心深处认知价值观和灵性价值观的斗争。库里奇让杰克·萨利去说服纳美人，实际上是我们的认知价值观想要让灵性价值观屈服。

当杰克·萨利想要告诉纳美人“他是库里奇派来的”这个隐私时，库里奇中断了杰克·萨利与阿凡达的链接，导致杰克·萨利那句话没有说出来。这既寓意着以库里奇为首的组织想要用外在认知价值观去控制杰克·萨利的灵性价值观。此时尽管灵性价值观已经占据绝对上风，杰克·萨利内心深处也做出了选择，但仍有最后一丝顾虑导致他没有说出口。

人不能做“真我”，一个最根本的原因就是我们的一切真实的认知被社会浮华的环境和价值观绑架，无法按照自己灵性价值观的要求来生活。一方面，我们不认可社会上的很多价值标准；另一方面，我们又需要在社会价值观体系中去获得我们所需要的东西，例如财富、地位、尊重、荣耀等。我们放不下的东西太多了。可以说，**灵性成长的唯一障碍就是认知价值观。**

什么是灵性价值观？它是我们的“初心”。今天，我们已经忘了“心”最初的样子——没有评判的认知，没有认知价值观，心灵深处知道自己真实的需求，如是的需求。比如：在《非诚勿扰》上牵手成功的男女，是因为认知价值观的判断选择，但不是在台上牵手成功的都能结婚成为夫妻，能否真正成功，取决于灵性价值观的价值取向。只有灵性价值观是自然而然的。那颗“初心”，充满希望、美好、精彩和冒险精神。

电影的最后，杰克·萨利、格蕾丝等人都是觉醒于灵性价值观。格蕾丝如果不选择和纳美人站在一边，她会和以库里奇为代表的组织一样收获丰厚的利益，但她以牺牲生命为代价诠释了生命的意义。尽管最后她死了，但她却说“我看到艾娃女神了”，她很满足地含笑离去。这和我们现实中的情形多么相似！很多英雄，他们为了捍卫自己的使命和信仰而献出了生命，但他们却感到“死得其所”，因为这是灵性价值观对生命的呼唤。

灵性价值观的确立

一开始我只是奉命行事，后来一切改变了，我爱上了这块土地，爱上了纳美人，我也爱上了你。

——电影《阿凡达》

格蕾丝和杰克·萨利去找库里奇理论。

库里奇：你找了一个纳美人做女朋友，就完全忘了你是哪一边的吗？

格蕾丝：我认为就我们目前所知道的来说，在这里的树根之间有一种电气化学上的交流，就像神经元之间的突触。每一棵树有10000个在它周围的与它相连接的树，而潘多拉上有无数棵这样的树。

帕克：我猜那是很多。

格蕾丝：比人脑的连接还要多。你懂了吗？这是一个网络，一个全球的互联网。而纳美人可以在你刚刚摧毁的这种地方上这个网，他们可以上传和下载数据——记忆。

帕克（感觉格蕾丝说得很滑稽，哈哈大笑）：你们在那里嗑药了吗？它们只不过是一些树。

格蕾丝：你需要醒过来，帕克。

帕克：你才需要醒过来。

格蕾丝：这个世界的财富并不在我们脚底下，它在我们身边。纳美人知道这些，所以他们正在保护这些。如果你想要和他们共享财富，你就需要去了解他们。

库里奇：我认为我们很了解啊，这得多亏了杰克。（对格蕾丝说）你过来一下，博士。

镜头切换到了杰克·萨利的视频日记，日记里，杰克·萨利说："纳美人不会放弃的，他们不会谈条件的。他们要什么？啤酒？牛仔裤？我们没有他们想要的东西，我被派来这里执行任务只是浪费时间。纳美人绝不会离开灵魂树。"

库里奇：事情破局就好办了。

觉知者：库里奇、帕克阵营与杰克·萨利、格蕾丝阵营的这场对话，就是认知价值观和灵性价值观的博弈。格蕾丝对帕克讲树之间的能量网，帕克只觉得好笑。对于顽固不化的人来说，他们的灵性价值观彻底被埋没了。这和现实中的情形多么相似！一个为了活着而活着的人，被浮华、表象、名利绑架的人，突然有个人跟他讲“崇高的理想”“生命的意义”“做人的美德”这些话题时，他只会觉得好笑，他会觉得“吃好喝好玩好”就行了，想那么多干什么。殊不知这些精神和信仰才是人活着的意义，生命真正的价值。

杰克·萨利说：“他们要什么？啤酒？牛仔裤？我们没有他们想要的东西。”这寓意着杰克·萨利在质疑认知价值观。对于内心善良、有正义、有梦想的人来说，就会质疑自己原有的认知，去探索灵性。比如一个麻木的正常人，会因为一场灾难、一次大病、一场恋爱、一次牢狱之灾、一次生死离别而突然顿悟觉醒，意识到放下“浮华物欲”，追求灵性才是真正的人生、美好的人生。

但是，当我们的灵性价值观被唤醒后，认知价值观却不会就此罢休，它会时不时来干扰，试图将我们拉回去，让我们继续重复以前的生活。**对于很多人来说，认知价值观和灵性价值观的斗争，会持续一辈子。这是人一生最大的能量内耗。**

杰克·萨利的认知价值观和灵性价值观发生了多次搏斗。让我们回顾一下，当他说“一切都颠倒了”，寓意他心中的灵性价值观已经被唤醒了。他胡子拉碴、虚弱憔悴的样子，正是他认知价值观和灵性价值观搏斗得最激烈的时候，他纠结痛苦，所以精神状态很差。他和库里奇谈话，库里奇说“你已经两周没有报告了”，说明库里奇已经发现他的认知价值观发生了动摇。当他称自己为纳美人，称库里奇他们为“敌人”时，他的灵性价值观已经占据绝对上风。

那么，杰克·萨利是从什么时候开始彻底抛弃过去的那一套认知价值观的呢？灵性价值观是从什么时候真正确立的呢？

库里奇准备驱赶纳美人了，他试图说服帕克。

库里奇：我会将纳美人的伤亡降到最低，我会先用催泪弹驱赶，这么做很人道。

与此同时，格蕾丝和杰克·萨利之间也有一场谈话。

杰克·萨利：人们想要掠夺你的东西，就先把你变成他的敌人，然后再抢起来就天经地义了。

这时，楚蒂急切地跑过来告诉他们：“库里奇要攻打灵魂树了。”

杰克·萨利和格蕾丝匆匆跑过去找帕克理论。

帕克：纳美人是住在树上的野蛮人，森林里有很多树，他们可以搬家。

格蕾丝：灵魂树里有很多家庭，有很多小孩，你要杀孩子吗？

杰克·萨利：相信我，你不想背负罪孽的，让我去说服他们，他们信任我。

帕克：我给你们一个小时的时间。

觉知者：杰克·萨利说：“人们想要掠夺你的东西，就先把你变成他的敌人，然后再抢起来就天经地义了。”这是他对认知价值观的讽刺和嘲弄，他已完全否定了过去的那些认知。但此时，库里奇阵营很强大，杰克·萨利还不敢和他们正面决裂，不得不妥协。这寓意着我们的灵性价值观虽然已经觉醒，看明白很多现实的真相或生命的本质，但还不便于展示人前，只能掩藏在心中。类似于现实中有些人已经有了梦想，并且很坚定，但还不敢告诉别人。

杰克·萨利和格蕾丝链接阿凡达，回到了纳美人中间。

他焦急且富有感情地说：“我们碰到大难了，地球人要来了，他们要摧毁灵魂树，大家不离开就会没命。你们一定要相信我。我被派来这里学习，就是为了有一天能向你们传达这种信息，你们相信我！

奈蒂莉：什么？杰克，你一开始就知道会发生这个事？

杰克·萨利：一开始我只是奉命行事，后来一切改变了，我爱上了这块土地，爱上了纳美人，我也爱上了你。

奈蒂莉：骗子，你永远不会成为我们的一分子。

族长让人把杰克·萨利和格蕾丝绑了起来。

觉知者： 杰克·萨利很平静、很流畅地告诉纳美人他的真实身份，寓意杰克·萨利的灵性价值观系统已经完全确立。所以他敢于把自己的隐私告诉纳美人和奈蒂莉了。在这里，我们可以回答前面所讲到的一个问题：面子、隐私都是认知价值观的产物，只要灵性价值观确立，面子、隐私自然而然就不复存在！

可以看到，在灵性价值观的确立过程中，爱起了至关重要的作用，真爱唤醒了杰克·萨利，所以他的灵性价值观才能清晰确立。

库里奇看到了杰克·萨利和格蕾丝被捆绑起来的画面。

库里奇：看来外交工作失败，我们开始干活吧。投放催泪弹。

灵魂树倒了，森林大片着火。所有的纳美人看着倒下的灵魂树哭泣。

看着纳美人凄惨的画面，楚蒂心有不忍，她关掉了弹药开关。

库里奇却说：大功告成，今天的庆功宴我请客。

与此同时，莫娅为杰克·萨利松绑，她流泪说：“如果你是我们的一分子，帮帮我们。”奈蒂莉的父亲中弹身亡，奈蒂莉在一旁伤心哭泣，杰克·萨利想要安慰，却遭到奈蒂莉驱赶。

地球人的世界里，格蕾丝、杰克·萨利、诺曼被库里奇他们囚禁了起来。楚蒂解救了他们，并驾驶飞机带他们逃走，库里奇持枪追赶，在这个过程中，格蕾丝中弹了。

觉知者：家园树被摧毁，库里奇暂时获胜，寓意认知价值观的暂时主宰。现实中也有很多这样的情况，我们知道抽烟喝酒、暴饮暴食伤害健康和生命，但依然摆脱不了无休止的接待应酬；我们知道不能以分数来衡量孩子未来是否有出息，但我们依然不会放弃让孩子努力争取好成绩。我们很想坚持自己的灵性价值观，但是现实远比我们想象的更残酷，混淆是非、颠倒黑白、歪曲历史、扭曲人性，以至让我们看不懂真相，它一次又一次摧毁生命的灵性成长。我们不断遇挫，甚至受到毁灭性的打击。在这种情况下，你是向认知价值观妥协，还是坚持自己的灵性价值观？

认知价值观和灵性价值观的博弈，是我们一生中面临的最大、最难的抉择。

我们再来回顾一下《非诚勿扰》这个经典案例，女嘉宾说“你是我的菜，愿意跟你走”，然后牵手成功，这实际上是认知价值观的一致。为什么有很多台上牵手成功的，到了台下却分手了呢？那是因为在了解之后，发现彼此的灵性价值观不一致。面对强横的认知价值观，面对残酷的现实，我们如何才能发现并坚持自己的灵性价值观呢？这就是我们接下来所要讲的“信念”。信念给我们力量，信念让我们坚持，信念让我们排除万难，信念让我们战胜一切。

摘录

● 一切都颠倒了，好像潘多拉才是真实的世界，而过去只是一场梦。很难相信时间只过去三个月，我已经快要记不起以前的生活了，我快要不知道自己是谁了。

● 灵性价值观是我们内心真正的渴求，真正认可和需要的东西，包括梦想、爱、和谐以及一切真、善、美的东西。

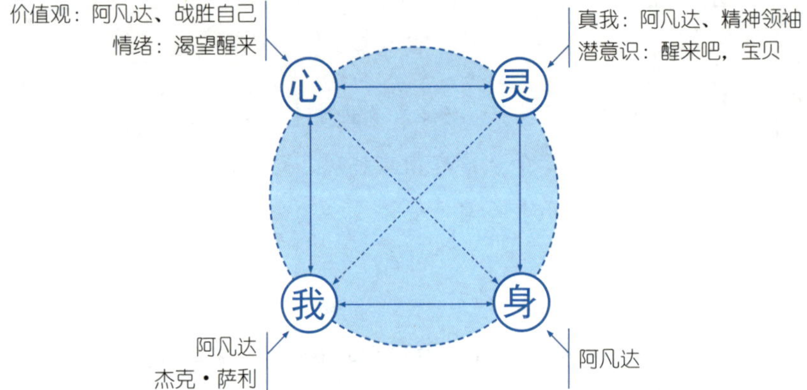

觉知课“我、身、心、灵”结构图（觉知信念）

信念是一股神奇的力量

有时候人的一生就靠一次疯狂的举动，在我的一生中我必须学会做好一件事。

——电影《阿凡达》

楚蒂带着杰克·萨利、格蕾丝、诺曼逃了出来。

杰克·萨利：纳美人说艾娃会照顾他们，失去灵魂树和希望后，他们只会去一个地方。

诺曼：你有什么打算？苏泰现在是纳美人的族长，他不会让你回去的。

杰克·萨利：我总得试试。

杰克·萨利链接上阿凡达，回到了纳美人的部落，森林被烧得光秃秃的，周围已经空无一人。

杰克·萨利自言自语：被驱逐的人、叛徒、外星人……纳美人不信任我了。我们需要彼此的帮助，但要再次面对他们，我就得加把劲。有时候人的一生就靠一次疯狂的举动，在我的一生中我必须学会做好一件事。

他骑上了伊卡兰，伊卡兰飞到了魅影停留的地方。

电影音乐声开始变得高昂，杰克·萨利从伊卡兰的背上跃到了魅影的背上。

觉知者：杰克·萨利说“在我的一生中我必须学会做好一件事”，这寓意他的信念系统逐渐成为主宰自己生命的主人。然而这也是他最艰难、最孤独的时候，认知价值观与灵性价值观残酷的博弈过程中，显意识与潜意识能量在博弈中内耗，他被两方阵营抛弃。此时，没有信念系统的人，会逃避现实、自暴自弃。有信念系统的人，会内省突破、挑战自我。杰克·萨利说：“要再次面对他们，我就得加把劲。”他的生命内核在发生裂变，这正是涅槃重生后信念的力量在点亮新生命。

杰克·萨利征服了魅影，成为魅影骑士，寓意杰克·萨利已经成为自己生命真正的主宰，已经建立从认知价值观到灵性价值观的平衡系统，完成从身心成长升华至灵性成长的最高境界。

信念系统完全建立，自然产生使命感，产生“必须”的意愿。只要生命还活着就“必须”去完成使命，就是这股强大的信念系统塑造人的魅力和影响力——魅影骑士。这时的杰克·萨利天下无敌。

信念系统是一股神奇的力量。这股带着使命感的力量，让我们拥有足够的意志力去克服重重困难，去征服自己的世界，征服世界的一切；这股力量让我们真正找到真我，明确了“我是谁”，知道自己要成为什么样的人；这股力量让我们真正知道“我到底想要什么”，想要的幸福、健康、财富和爱的一切答案；这股力量让我们真正知道“我要去哪里”的生命意义，做自己真正想做的人，让生命绽放。

杰克·萨利驾驭着魅影来到纳美人中间，人们都用一种崇拜的眼神看着他，绝望中的纳美人仿佛看到了希望。

奈蒂莉：我看到你了，杰克，我本来好怕，担心我的族人们，现在我不害怕了。

杰克·萨利：苏泰，我现在站在你的面前，准备为纳美人效力。你也是伟大的战士，我需要你的配合。

苏泰：魅影骑士，我会跟你一起飞行。

觉知者：电影中一再出现苏泰这个消极的家伙。他寓意我们内心的负面信念。回顾一下会发现，杰克·萨利在探索潜意识、开发潜能、驾驭情绪、寻找真爱、价值观博弈的时候，苏泰都会打击他。当杰克·萨利骑六脚马时，苏泰说：“这个笨蛋，一定学不会的。”当杰克·萨利驾驭伊卡兰时，苏泰嘲笑说：“这家伙死定了。”当杰克·萨利找到阴阳能量平衡的时候，苏泰妒忌说：“他占有了奈蒂莉。”

每个人心中都有这样一个“苏泰”——负面信念。当我们积极改变、挑战自己、突破生命内核时，内心会有一个消极负面的声音时不时跳出来打击自己。你不能征服“苏泰”，他就会击垮你。电影最后，苏泰臣服于杰克·萨利，寓意心里的正能量战胜负能量，正念战胜邪念，爱征服一切，这是信念的力量。

一个人信念系统的建立，往往是在痛过之后才会大彻大悟。放下该放下的，彻底改变认知，接受发生的一切，即接受灵性的觉悟。电影中在两方阵营都不理解、不接受杰克·萨利的情况下，他遇到种种困难和挫折，被周围的人误认为“叛徒、流浪汉、异类”，甚至变成不食人间烟火的孤家寡人。芸芸众生多数缺乏信念系统，或者遇到一点挫折和打击就放弃信念而沦为平庸。生命，只有经历过卧薪尝胆、极度孤独的艰辛，完整人格的信念系统才会建立起来。

伟大是“熬”出来的。信念系统就是这么诞生的。几乎所有伟人和大彻大悟的成功者，都经历过身心灵非同寻常的煎熬，都经历过排挤、孤立、困顿、病魔威胁甚至陷入绝境，而后凤凰涅槃、浴火重生，最终成就圆满人生。

激活自我疗愈的信念

杰克·萨利请求莫娅让艾娃女神治疗格蕾丝。

杰克·萨利：看我们到哪里了，格蕾丝。

格蕾丝的眼睛微微睁开，她惊奇地看着灵魂树。

莫娅让大家将格蕾丝放到圣台之上。

莫娅（小声地）：圣母也许会选择救她并让她存活于这个身体里面。

杰克·萨利：这有可能吗?

莫娅：有可能，是的。她必须从圣母身前经过并回来。但是，杰克，她真的很虚弱。

格蕾丝：我一直在拖后腿。但是你给了他们你的心。我为你骄傲，杰克。

尽管格蕾丝的声音很微弱，她的双眼仍迸发出明亮的光。

格蕾丝：帮帮他们，不管那要付出什么代价。你听见了吗？

奈蒂莉和其他的侍祭跳着催眠的舞蹈。所有的纳美人随着节奏摇摆着，低颂着。跪在灵魂树旁的莫娅在出神的状态下翻动着手腕。

纳美人一起祷告着：艾娃，我请求你帮助我们接受这个灵魂，让她回到我们身边，以一个真正纳美人的身份，生活在我们的族群里……

格蕾丝喘了一口气，眼睛再次睁开。她被震住了，就好像看见了什么美丽到不能用语言表达的事物。镜头移向她的手——死死抓着杰克·萨利，好像想在这个世界上多停留几秒——

格蕾丝：杰克，我跟她在一起了——（低语）她是真的——

她颤抖着吐出最后一口气……

杰克·萨利：格蕾丝！

莫娅：她的伤太重了，而且没有足够的时间。她现在与艾娃在一起了。

觉知者：表面上是治疗格蕾丝，实际上是格蕾丝的自我疗愈。我们每个人的身体里都有着强大的自愈系统，当信念系统足够强大时，自愈系统就会被激活。现实生活中，我们经常看到，一个病入膏肓的人，医药已经帮不了他了，可是最后他却奇迹般地康复了。是什么让他康复的？是“信念系统”让他实现自我疗愈。今天有很多生命奇迹，医学都无法解释原因，这样的奇迹，一定是来自灵性生命成长过程中建立起来的信念系统，是潜意识自我疗愈的能量平衡系统。

整个部落的纳美人在一起念祷告语，寓意自我催眠暗示。信念系统要发挥作用，需要依靠潜意识里正念的暗示或积极能量的咒语。信念系统强大的人，在遇到困境时，会产生积极乐观的心理暗示，启动自我疗愈功能。

格蕾丝的死，寓意建立信念系统的取舍。杰克·萨利说“在我的一生中我必须学会做好一件事”，这是杰克·萨利的使命感。例如，一个人既想成为医学领域的专家，又想成为企业家，或者还想做成其他什么，此时在潜意识里必须做出取舍，你不能什么都想做，你只能完成一件你生命中认为最有价值、最有意义的事，信念系统才能迅速建立起来。格蕾丝是生物学博士，是杰克·萨利的另一个信念，必须在潜意识里舍弃掉。这是生命最高境界的博弈和内耗，只有坚持一种信念或信仰，内耗才会终结，潜能才会彻底开发，爱才会成为真正的源泉，“真我”才会如是显现。

信念系统裂变的超能量

楚蒂：我本来还打算来个不死攻略，可是，用弓箭对付武装直升机？

杰克·萨利：我们凝聚了15族的力量，超过2000名战士，我们清楚这些山的地势，我们可以利用这些地形的优势，他们不行，他们的设备在这里不管用……

——电影《阿凡达》

格蕾丝死后，杰克·萨利让苏泰做自己的翻译，他面向全体纳美人演讲。

杰克·萨利：地球人向我们传达一个信息，他们可以为所欲为，谁都阻止不了。但是我们也要传达一个信息给他们，我们要像风一样飞行，去找其他族群一起战斗，就说魅影骑士在召唤他们。大家跟我一起飞吧，我的兄弟姐妹们，我们要让地球人知道，他们不能为所欲为，因为这里是我们的家！

杰克·萨利带着奈蒂莉，骑着魅影飞上了高空，纳美人欢呼着，纷纷骑上了自己的伊卡兰。他们召集马族、东海人，在短短的一天时间内便召集了超过2000名战士，并且人数还在增加。

觉知者：信念系统裂变就上升为精神信仰。这是潜意识里小宇宙的灵性能量，这股能量可以唤醒更大的集体潜意识能量，或者说是集体意识形态——宗教组织。

留在库里奇那边的科学家麦斯向杰克·萨利汇报着最新进展：他们弄了一堆采矿炸药，要把纳美人的部落夷为平地。恐怖的超级炸弹。库里奇掌控了局面，他势在必行。

诺曼：我们死定了。

楚蒂（自嘲般地笑并摇头）：我本来还打算来个不死攻略，可是，用弓箭对付武装直升机？

杰克·萨利：我们凝聚了15族的力量，超过2000名战士，我们清楚这些山的地势，我们可以利用这些地形的优势。他们不行，他们的设备在这里不管用，飞弹追踪没用。

楚蒂：你知道他会直接进攻灵魂树。

诺曼：他们打到灵魂树就完了，这是纳美人跟艾娃和祖先联系的地方，这会毁了纳美人。

杰克·萨利：所以我们要阻止他们那么做。

觉知者：信念系统是一股精神的力量和伟大的能量，它让人在绝望之中看到希望，在逆境之中看到转机，在危机之中看到机会。诺曼和楚蒂都认为死定了，杰克·萨利却看到了机会的优势，这是信念系统裂变后的超能量。这种裂变让自己明确目标，清晰梦想，知道自己想做什么、能做什么。明确一生只为实现一个梦想而裂变的信念系统，全世界都会让路。

电影中，杰克·萨利的潜意识一直重复强调“我是一个梦想和平的勇士，但是总有一天你要醒来”。现实中，我们许多人丢掉梦想、模糊目标、迷茫困惑、内耗能量，甚至还固执己见、自以为是，我们睡得很深，许多人就这样不愿意醒来。这是一种多么悲摧的人生，这是一种多么可怜的生命。

这是一种面对现实的挫败感和无力感。而一旦信念系统建立，杰克·萨利则非常坚定地说：“我是一个梦想带来和平的勇士，但是在我的一生中我必须学会做好一件事。”此时的他自信、乐观且充满力量。

信念击退一切负能量，信念让人排除万难、创造机会，信念让人无所不能！

信念系统的呼唤：醒来吧

灵魂树下，杰克·萨利在自言自语。

杰克·萨利：我也许只是在和树说话。但是如果你真的存在，如果格蕾丝在你那里，看看她的记忆，她可以告诉你，我们的地球那里没有绿色，人们杀掉了他们的“母亲”，而且他们会在这里做一样的事……

奈蒂莉安静地走过来，聆听着。

杰克·萨利：直到他们占有整个世界，除非我们阻止他们。听着，你选择我是有原因的，我会挺身对抗。我希望能得到艾娃一点点的帮助。

奈蒂莉：艾娃是从来不会偏向哪一方的。她只是负责生命的平衡。

觉知者：电影的最后一再出现的灵魂树（艾娃），寓意纳美人的精神信仰。杰克·萨利想从纳美人那里得到帮助和启迪，寓意杰克·萨利在自我暗示，他跟自己的潜意识（灵魂）对话，听自己（艾娃）的心声，他在重复、强化、确认自己的信念系统。

信念系统存在于我们的潜意识之中、灵魂深处。强化信念系统需要在潜意识中不断重复确认。比如，我们可以录制一个自己的梦想之声、使命宣言，重复输入潜意识，或每天大声朗读，让自己的潜意识重复听到、听懂，只要不间断地坚持一年以上，信念系统就会变得强大而坚不可摧，人生一切美好的向往和梦想就会因此奇迹般实现。

尽管纳美人很英勇，但在战斗开始时，他们还是陷入了劣势。库里奇的轰炸实在太强大，弓箭的力量显得那么弱小。

就在这千钧一发的时刻，一排锤头兽冲了出来。士兵们开火了，但是锤头兽像一个大浪一样淹没了他们。树干般粗的大脚踩碎了AMP装甲车的驾驶舱。士兵们或被碾碎，或窒息而亡。

毒狼张着寒光闪闪的爪子穿梭在士兵之中。士兵们疯狂地射击着，孰料，攻击毒狼时，也攻击了自己人。当更多的毒狼出现时，幸存的士兵慌忙逃跑。

杰克·萨利转了个弯，看着数百只没有骑手的伊卡兰朝着库里奇的飞机群飞去。它们是名副其实的战士，遮蔽了天空。那些伊卡兰绕着飞机飞，撕扯着它们。

奈蒂莉大喊：杰克，艾娃显灵了，它听见你了。

觉知者：艾娃显灵改变了整个战局。曾经伤害他们的野兽为什么会参与到战斗中来？当杰克·萨利的潜能被激活、灵魂被唤醒而充满正义感时，所有的恐惧和消极能量都会转化为积极的正能量。就好比同样是家庭贫困，有的孩子选择自甘平庸，有的孩子选择自强不息。充满爱的信念就是相信一切皆有可能。也因此造就了超凡脱俗的杰克·萨利，他的强大的信念系统激活了所有的资源，扭转了整个战争的局面。

莫娅服侍着受了致命伤的苏泰，杰克·萨利与奈蒂莉赶了过来。莫娅已经包扎好他的伤口，但是她的神态很明显：他活不下去了。

杰克·萨利跪下来，苏泰睁开他的双眼。一阵疼痛之后，他认出了杰克·萨利。

苏泰：I see you，杰克。

杰克·萨利：I see you，苏泰。

苏泰：大家都很安全？

杰克·萨利：是的，很安全。

苏泰虚弱地抓住了他严重受损的辫子。

苏泰：我再也不能骑乘，再也不能与我的女人结合——或者聆听艾娃的声音了。我再也不能带领人民了。而你，杰克，将会带领他们。现在，履行族长的责任。释放我的灵魂。

杰克·萨利：我不要杀你。

苏泰：我已经死了。

杰克·萨利：不。

苏泰：生活就是这样的。而且这是好事。我会被人记住——我曾经与魅影骑士并肩战斗过，我们是兄弟——而且他是我最后的影子。

苏泰的手与杰克·萨利的手紧紧扣在了一起。杰克·萨利拔出了刀。

杰克·萨利（纳美语）：原谅我，兄弟。去那里见圣母吧。

觉知者：苏泰——心中的负面信念。当杰克·萨利的信念系统上升为精神信仰，负能量完全转化成了正能量。苏泰对杰克·萨利说“我已经死了”，让杰克·萨利代替他去引领纳美人的未来。邪不胜正的信念就是真理，正能量必然统治世界，正能量在大脑所占的区域足够大时，负能量就不会有容身之地。

走人间正道，传浩然正气

奈蒂莉骑着毒狼攻击库里奇的装甲车，他们激烈地搏斗起来。

奈蒂莉被库里奇打倒在地，库里奇拿出一把刀，欲刺向奈蒂莉。

这个时候，杰克·萨利出现了。

杰克·萨利：一切都结束了。

库里奇：我还有一口气在就不会结束。

杰克·萨利：我正希望你这么说。

杰克·萨利冲向库里奇，和库里奇激烈搏斗了起来。杰克·萨利击坏了库里奇的装甲车，库里奇戴上了面具。

库里奇：杰克，背叛同类是什么样的感觉？你以为你是他们的一分子吗？该醒一醒了。

杰克·萨利的眼神闪烁了一下，但他没有犹豫，立即再次攻向库里奇。搏斗中库里奇切断了杰克·萨利的阿凡达链接，杰克·萨利陷入虚弱状态。危机关头，奈蒂莉爬了起来，“嗖”的一箭，射死了库里奇。

觉知者：杰克·萨利以智取胜，既是灵性价值观战胜认知价值观，也是正念战胜邪念或杂念的真理所在，这个真理就是道法自然的系统——宇宙之爱。人一旦走上歪门邪道，潜意识里的“正义之声”就会时不时跳出来质疑你，灵性价值观就会审判你，让人内心不得安宁、人格分裂。因此，杂念或邪念无论多强大，最后注定走向灭亡；缺乏爱的信念无论多丰满，最终必然从平庸走向失败。所以，无论是个人还是组织，都要树立正确的思想观念和事业理念，要走人间正道，要传浩然正气。

谁在沉睡？库里奇对杰克·萨利说“你以为你是他们的一分子吗？该醒一醒了”，这说明潜意识里的库里奇睡得很深，这叫执迷不悟，他的信念也很强大，最后只剩下他一个人，也要战斗到底，可见库里奇顽固的意志和领袖特质。

信念要与爱同行，对社会有意义。因为没有爱，带着复仇信念去练绝世武功的人最容易走火入魔。人因为缺少慈悲之心，最终会伤人害己。

谁应该醒来？库里奇寓意着现实社会唯利是图、对金钱名利疯狂追逐的人。如果库里奇能彻底醒来，心中充满爱的信念，也会成为一个了不起的人物。库里奇的死是必然的，寓意灵性价值观战胜了扭曲的灵魂。杰克·萨利真正彻底地醒来了，他舍弃了与库里奇的金钱交易，抵御外界的物质诱惑，彻底看清浮华的人性，他的灵性价值观越来越如是与全然，“真我”彻底被唤醒。

摘录

● 杰克·萨利说"在我的一生中我必须学会做好一件事"，这寓意他的信念系统逐渐成为主宰自己生命的主人。

● 几乎所有伟人和大彻大悟的成功者，都经历过身心灵非同寻常的煎熬，都经历过排挤、孤立、困顿、病魔威胁甚至陷入绝境，而后凤凰涅槃、浴火重生，最终成就圆满人生。

I see you

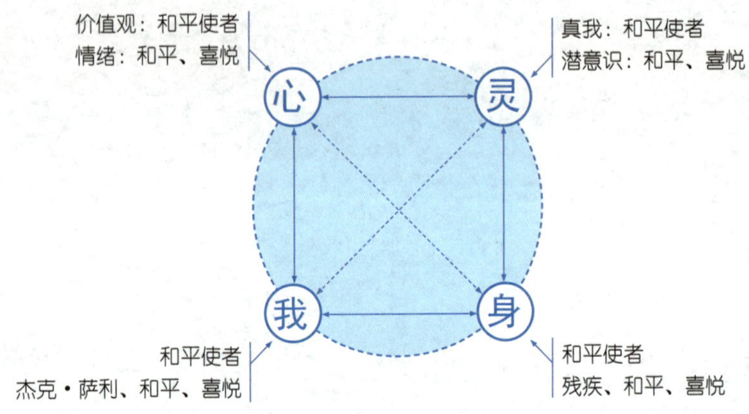

觉知课“我、身、心、灵”结构图（觉知真我）

“真我”是没有善恶对错的

艾娃是从来不会偏向哪一方的，她只是负责生命的平衡。

——电影《阿凡达》

电影中，奈蒂莉说：“艾娃是从来不会偏向哪一方的，她只负责生命的平衡。”这寓意着“真我”没有善恶对错，它是超越二元世界真正无极的生命，它是能量的守恒，它是真正的永恒。

在“真我”的世界里，一切的存在都是合理、和谐的，它是宇宙和生命的平衡系统，也是身心灵健康成长的平衡系统。

我们要学着去接纳恐惧、接受痛苦，生命就不会滋生不幸，且能带来力量。倘若我们去排斥恐惧和痛苦，我们就失去了生命最美好的体验，失去从恐惧中获得力量的可能性；接受悲伤，因为悲伤和快乐是一对孪生兄弟，没有悲伤何来快乐，没有给予何来收获，没有感恩何来福报？二元定律维持着能量的流动。因为，一切健康、幸福、财富的能量都在正负两极之间流动，维持着生命与生态平衡。

“真我”是没有善恶对错的。我们潜意识里的真我，是记不住“不”这个字的。所以我们要去追求正面的、“我要的”，而不是逃避负面的、“我不要的”。当你对自己说“我不要贫穷”时，潜意识接收到的信息正是“我要贫穷”；你说“我不要生病”时，潜意识接收到的信息正是“我要生病”。所以你要对自己说“我要成为富有的人，我要健康”，平衡系统就会给你想要的一切。

不知道你是否有过这样的经历：你越是不想某件事发生，你在心里反复念叨 “这件事千万不要发生啊”，最后它偏偏就发生了。比如我对你说“你不要想熊猫是什么颜色”，你的潜意识马上就会出现黑白双色的熊猫。“真我”是不懂得分辨善恶对错的，它只追随我们的灵性，所以我们要去期待美好的事情发生，而不是去担心那些不好的事情。我们可以想要我们“想要的一切”。

我与万物能量相连

电影中，我们一再看到这个重复出现的镜头：杰克・萨利成为“纳美人”之后，整个族群聚集了起来，所有人把他们的手放在杰克·萨利的肩膀、后背、胸膛上——手挨着手，直到他与所有人都连接上。给格蕾丝治疗时出现过，杰克·萨利的灵魂移植到阿凡达身上时也出现过，这正是电影给我们的启示：**宇宙万物都处于一种能量的互相流动之中，我们每一个人，从你出生的那一刻起，就进入宇宙之中，参与宇宙万物间的能量交换。我与宇宙万物能量相连，我们释放自己的能量，也从宇宙万物获得能量。**这寓意着因果关系的能量流动、缘分的能量流动、爱的能量流动。

生活中，有时我们会听到这样的消息：有人跳楼自杀时砸死了过路的人。人们通常用“飞来横祸”形容这样的事件。被砸死者的亲朋好友很难接受这样的事实的：别人跳楼自杀关我们什么事，为什么要殃及我们？这就是能量流动的平衡系统。如果一个人在传播“善与爱”的能量，身边就会出现“善与爱”的能量氛围；如果一群人在传播“善与爱”，那全社会就充满“善与爱”的能量流动，这样才是一个充满和谐的社会。

这其实就是宇宙万物间的一种能量流动的相连，所以我们对自己周围发生的一切都负有责任，千万别说“与我无关”。既然能量是带着各种信息流动的，那么人世间就没有偶然，一切的发生都是必然。必然也是偶然，偶然也是必然，有缘起就有缘灭。当我们对自己周围的一切漠不关心时，就是自我封闭，拒绝能量流动。而当我们对宇宙万物充满爱时，宇宙和他人则会给我们加持无限美好的能量。例如，我们在生活中常常听到“贵人”这个词，我们永远不知道“贵人”到底是谁，或者他到底什么时候会出现，会在哪里出现，对我们的生命有多大的影响。但我们要相信宇宙的平衡系统，积极感恩生命、积德行善、心中充满爱和正能量的人，生命中才会出现贵人、拥有贵人。这就是宇宙的平衡法则，生命的奥秘——能量在宇宙万物间永恒流动，我与宇宙万物能量相连。

我主张积极与世界万物保持互动，把善与爱的能量传出去，这种善与爱的能量又会在某个时间和空间降临到我们自己的身上，尽管我们不知道、也不需要知道这些能量会以什么样的方式回来，在什么时候回来。

生活中，有些人在正式场合、在约会时，会把自己装扮得很好，让自己看上去很精神。但是在家里，在一些自认为不重要的场合，就不顾形象，不注意自己的言辞。这也会影响宇宙给我们的能量加持，让我们失去一些机会。我们与宇宙万物相连，所以我们要用全身心的爱去对待世间万物，用全身心的爱去迎接生命中的每一天。

我们与宇宙万物能量相连，我们要去觉知自己和宇宙万物的连接。当你在其中感受到与每一个人的连接，与周遭万物的连接时，仿佛是一股能量进入了你的生命，带给你力量和启迪。当你感觉到“被激励”或“被提升”时，你的心里会充满了光芒，当能量流过的时候，你的身体也会感知到一股暖流。一旦你体验过这样的感觉，便不会重返陈旧无聊的生活方式，因为，你生活的品质在升级，你心性的品质在升华，你生命的光芒在全然绽放。

我、身、心、灵完全合一时，当“小我”看见“真我”时，内心会知道你被爱着，被渴望着，被珍惜着，被需要着。你做的事情很重要，你的生命很重要，你的生命因此拥有更多的内涵和诠释。

“真我”的灵魂——我是谁

每个人在一生中会出生两次，第二次出生是在你在赢得社会地位的时候，直到永远。

——电影《阿凡达》

杰克·萨利：地球人回到了那个行将毁灭的地方，只有少数纯洁善良的人被留了下来。森林会自己恢复，人们的心也是如此。新生让能量保持流动，就像这个世界的呼吸吐纳。

紧接着，下一个镜头：

奈蒂莉跪在圣台上的两个人形旁边——杰克·萨利和他的阿凡达头挨头躺在那里。人类杰克·萨利带着一个滤气面罩。两具身体都一动不动，双手交叉，被半透明的、丝绸一样光滑的细毛覆盖着。

镜头拉近——奈蒂莉把面罩从人类杰克·萨利的脸上拿下。她轻柔地阖上他毫无生气的双眼。然后俯身，亲吻他。

阿凡达杰克·萨利的特写——奈蒂莉的双手出现在银幕上，抚摸着他的脸颊。

特写——杰克·萨利的双眼。等了一会儿，然后——

阿凡达杰克·萨利的双眼睁开了！

剧终。

觉知者： 电影最后，阿凡达睁开明亮的双眼，寓意杰克·萨利找到“真我”，他在浴火重生后以真正的纳美人身份留在潘多拉星球。潘多拉星球寓意着潜意识的灵魂世界——即真我世界。被遣返的那些地球人，寓意社会上那些没有目标、没有梦想、没有追求、继续睡着的人；那些不愿意开发潜能，浑浑噩噩混日子的人；那些一辈子都不学习、不改变、抗拒成长而装睡的人。留在潘多拉星球的阿凡达，寓意社会上那些在潜意识世界里认识自己，明白“我是谁”的人，那些找到人生价值并付出行动的人，那些了解生命真正意义并不断升华心性品质的人。人生就是探索自己、认识自己并看见真实自己的心路；人生的价值就是找到生命意义并付诸努力，让生命在每一个当下绽放。

纳美人说："每个人一生中会出生两次，第二次出生是在你赢得社会地位的时候，直到永远。"第二次出生，就是明确"我是谁"；社会地位，就是"我"未来成为什么人，并从当下就开始"成为"，直到永远。如果从当下就能看见未来自己"成为"的那个人的画面并确信无疑，当下就没有困惑和迷茫，因为"我"看见了真实的自己——我看见你了。

如果我们都能明确自己的未来成为什么样的人，当下的"我"找到了生命一切的答案，找到一生的使命、梦想和建立起来的信念系统，与未来的"我"相伴终身、不离不弃，有价值地活着并奉献爱，有意义地绽放并爱护生命。假如你觉得自己可以重新活一回，重新去诠释你自己人生的价值和生命的意义，你相当于"第二次出生"——涅槃重生。

我们来回顾一下杰克·萨利"真我"觉醒的关键过程：

一是，面对野兽威胁，他经历了恐惧与生死挫折的挑战，激活了他坚强无畏的心；

二是，找到归属感和能量流动的生命法则之后自愿开发潜能；

三是，经历了从情绪到情商升级的训练，从驾驭伊卡兰到驾驭魅影骑士成为自己的"精神领袖"；

四是，经历了身份暴露，奈蒂莉不再相信他，放弃与库里奇的交易，被两方阵营抛弃，在残酷的价值观博弈后明确自己的立场；

五是，经历了同伴牺牲，经历了正负能量的博弈，建立了属于自己的信念系统；

六是，经历了灵魂深处人格分裂的挑战，通过寻找爱的力量找到阴阳能量的平衡系统。

在杰克·萨利最后的涅槃重生之时，奈蒂莉一直陪伴在他身旁。这寓意着灵魂伴侣的“真爱”唤醒了杰克·萨利的“真我”，健全了“我、身、心、灵”完整的人格。电影最后告诉我们：爱是一切力量，爱是一切答案，爱是一切生命的源泉。

觉知圆满人生的全息图

杰克·萨利终于蜕变重生了。那么“我”自己呢？现在，电影故事结束了，我们也终于明白如何去找到“真我”。我相信，很多读者在读完本书时，都会去思考人生，觉知生命成长，去探索自我或者会再一次看《阿凡达》电影。在此，为了帮助大家更深刻地理解“看见自己、活出真我”，我再给读者提供一个“身、心、灵”日常修炼成长的路径表。如下图：

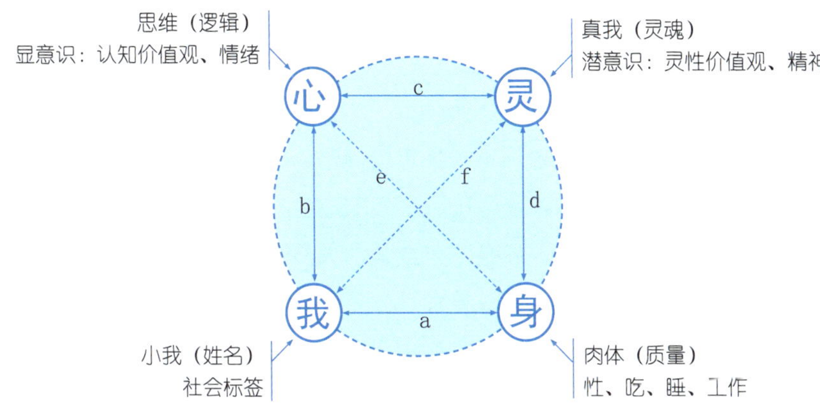

“我、身、心、灵”结构图

结构图中的线条 a 是人生生理成长路径，人都会自然长大，你无法控制自己身体生长随着年龄成长的变化，比如从婴儿到少年到青年到中年到老年的路径。用心的觉知者会发现，在这条线上有正常生理成长和非正常生理成长，如运动、饮食、性、健康、工作属于正常生理成长范畴，而无节制的暴饮暴食、酗酒、吸毒、自虐、熬夜、过度整形瘦身等违背自然规律的行为则属于非正常生理成长范畴。

通常情况下，大多数人都把注意力放在满足美食、健身、装扮等生理需求上，忽视了线条 b 所代表的心理成长路径。在这条线上，有三个重要的成长指标：正确的认知价值观建立、情绪管理、习性（习惯和性格）养成，心理成长一定要从认知价值观塑造上升至灵性价值观确立，从情绪管理上升到情商驾驭，然后再上升到c线条所讲的心灵成长。

在心灵成长阶段，更加注重情商修为、梦想呈现而奠定事业心和使命感的人生基石，这几个方面共同建立一个人健全的人格。

人格再进一步，就是不可或缺的人格魅力塑造，即线条d的灵性成长。这一阶段，应该更加尊重生命系统和天地法则的运行，进入内在阴阳能量系统的修炼，通透幸福与财富宇宙系统合一的实相，实现圆满人生的终极追求。

结构图中的两条交叉的虚线，e线和f线，分别代表着“心性品质升级”和“找到‘我是谁’的生命轨迹”。

e线所代表的心性品质成长，注重生活品质的提高，我们可以简称为生活品质线，而f所代表的寻找“我是谁”的路径，生命从小我到真我探索之路，寻找未来自己成为什么样的人（梦想），未来“我”去向哪里（事业心），生命中最想得到什么（使命）。

电影《阿凡达》故事中的杰克·萨利整个过程就是通过这个路径找到“我是谁”，实现最后的大圆满，终于找到了真实的自己——“我看见你了”。更为精彩的是影片最后的主题歌《I See You》，该歌词非常生动形象地总结了电影故事的中心思想，用真爱的情感表达了杰克·萨利渴望对自己的探索，歌词中的“你”就是杰克·萨利灵魂中的“真我”，感人肺腑的心声唱出世人对生命的诚挚与期待。

一次神奇的都市身心灵觉知课修行即将结束，为了使读者朋友更清晰地理解“我、身、心、灵”结构图，我们可以将它转换成下表，清晰、简洁、一目了然。

开悟	在当下	喜悦	永恒
觉知修为	修身养性 （儒家—论语）	明心见性 （佛家—心经）	无极空性 （道家—易经）
成长坐标	a. 生理成长 d. 灵性成长 e. 心性成长	b. 心理成长 c. 心灵成长 e. 心性成长	c. 心灵成长 d. 灵性成长 f. 我是谁？
运	目标	事业	梦想
命	性命（奴才）	寿命（管家）	生命（主人）
价值观 意识	生存观 生存意识	人生观 显意识	世界观 潜意识
小我（姓名）	肉体（性）	思维（逻辑）	真我（精神）
我	**身**	**心**	**灵**

“我、身、心、灵”结构图之生命内核

摘录

● 在"真我"的世界里，一切的存在都是合理、和谐的，它是宇宙和生命的平衡系统，也是身心灵健康成长的平衡系统。

● 在杰克·萨利最后的涅槃重生之时，奈蒂莉一直陪伴在他身旁。这寓意着灵魂伴侣的"真爱"唤醒了杰克·萨利的"真我"，健全了"我、身、心、灵"完整的人格。电影最后告诉我们：爱是一切力量，爱是一切答案，爱是一切生命的源泉。

附录：《我看见你了》歌词

梦里穿行 / 我看见了你 / 是我黑暗中的光芒，吐纳新生活希望于是我中有你，你中有我 / 着了魔 / 从心底祈愿沉醉梦里不愿醒

透过你的眼睛，我看见了 / 自己在生命中高飞 / 你用生命照亮了通往天堂的路

我愿把自己贡献成祭品 / 因你的爱，我才存在 / 是你教我睁开双眼 / 看清世间美丽 / 我感知触碰到我从未想象过的世界

给你我全部的希望 / 我彻底投降 / 从心底祈愿，这世界永不消亡

透过你的眼睛，我看见了 / 自己在生命中高飞 / 你的爱照亮了通往天堂的路

我把生命交给你 / 把我的爱，统统给你 / 我从未开启的心 / 从未自由的魂灵 / 是你引领我步入新天地

但我的肉眼无法分辨 / 这爱的色彩，这生命的斑斓 / 从今往后 / 直到永远

（透过你的眼睛，我看见了自己）/ 透过你的眼睛，我看见了自己 /（在生命中高飞）

高飞 / 你的爱照亮了通往天堂的路

我愿把自己贡献成祭品 / 因你的爱，我才存在 / 因你的生命，我才存在 / 我看见你了 / 我看见你了

关于**智读汇**

智读汇出版研发中心与全国多家知名综合出版社强强联手，整合一流的出版资源，构建起集策划、出版为一体的高效团队，在业内积累了良好的信誉和口碑。

多年来，我们追求人类文明最有价值的管理思想和人文精神，致力于出版策划和“无限畅读”“无限畅学”计划，通过图书、阅读和学习，让思想发生有智慧的交汇和沟通。未来，我们一如既往，乐于贡献自己的出版智慧，因为一本好书的出版，会激活一个人、一个企业奋发向上的精神和激情——这是我们心中最美好的事业！

（一）“智读汇·名师书苑”书系：面向致力于为中国企业发展奉献智慧，提供咨询建议的培训师征稿，为培训师塑造个人品牌，传播课程价值及影响力。

（二）“智读汇·企业管理思想文库”书系：杰克·韦尔奇、郭士纳、冯仑、王石等众多成功企业家都出版过优秀图书，他们的绝秘心得是——“最伟大的企业家一定是一名优秀的畅销书作家！”本书系面向中国企业和知名企业家征稿，助力管理思想落地、企业文化传承和品牌影响力传播。

“无限畅学”为图书作者课程延伸服务，旨在架通读者、作者深度沟通和交流的桥梁。

咨询《我看见你了：都市身心灵觉知课》作者杨新明老师精品课程《两性智慧》请拨：13816981508（兼微信）。

扫一扫，了解智读汇出版资讯

读者服务卡

以书会友，真诚到永远！

1. 您是通过何种渠道了解到本书的？

□书店 □报纸杂志 □电视台电台 □网络 □朋友（老师）推荐 □其他

2. 您在何处购买到本书的？

□城市书店 □网络书店 □机场书店 □超市书店 □铁路书店 □其他

3. 如果您希望我们发送新书信息给您公司的负责人，请注明所推荐人的：

姓名：________________ 职务：______________ 电话：________________

地址：__________________________________ 邮箱：________________

4. 通过阅读、学习本书，作者帮您解决了哪些工作中的难题？工作仍有什么样的难题未得到解决？请认真填写，本书策划服务团队及作者本人会在收到您的疑问后，进行详尽解答。

已解决的难题：____

____

____

未解决的难题：____

____

____

感谢您的阅读！欢迎来到杨新明老师课程现场寻找智慧和答案，请确认我们的联系方式——

智读汇·名师书苑

地址：上海市恒丰路 218 号现代交通商务大厦西 1307 室

邮编：200070

课程咨询：021-51213225　13816981508

传真：021-51211252　　邮箱：zhiduhui100@163.com

淘宝店购书：http：//zhiduhui.taobao.com

（本服务卡复印件同样有效）

好书“无限畅读”，

扫一扫有惊喜！